我国地膜覆盖与残留效应研究

刘宏斌　胡万里　冯丹妮　马兴旺　杨虎德　等　著

U0252381

科学出版社

北　京

内 容 简 介

随着地膜在我国大面积推广应用，农田土壤地膜残留污染问题日益突出。本书简要介绍了我国地膜覆盖的发展趋势，描述了主要覆膜作物的覆膜方式、地膜用量及地膜种类，结合实地监测和调查数据，分区域、分作物阐述了我国农田土壤地膜残留强度及其空间分布特征，估算了我国农田土壤地膜残留总量，分析了土壤质地、地膜覆盖周期、地膜覆盖年限及农田经营规模等因素对地膜残留的影响，阐述了地膜残留强度和残膜规格对作物生长与土壤理化性状的不良影响，探讨了地膜厚度对我国主要覆膜作物产量及地膜残留量的影响，从减量、替代、回收等不同层面提出了我国农田地膜残留污染治理的对策建议。

本书可供从事生态环境保护的广大教学、科研、管理人员参考。

图书在版编目 (CIP) 数据

我国地膜覆盖与残留效应研究/刘宏斌等著. —北京：科学出版社，2023.9
ISBN 978-7-03-076337-2

Ⅰ. ①我… Ⅱ. ①刘… Ⅲ. ①地膜覆盖–残留效应–研究–中国
Ⅳ. ①S626.4

中国国家版本馆 CIP 数据核字(2023)第 174289 号

责任编辑：李秀伟 陈 倩 尚 册 / 责任校对：郑金红
责任印制：肖 兴 / 封面设计：无极书装

科学出版社 出版
北京东黄城根北街 16 号
邮政编码：100717
http://www.sciencep.com

北京建宏印刷有限公司印刷
科学出版社发行 各地新华书店经销
*

2023 年 9 月第 一 版 开本：720×1000 1/16
2024 年 1 月第二次印刷 印张：12 1/2
字数：252 000
定价：158.00 元
(如有印装质量问题，我社负责调换)

《我国地膜覆盖与残留效应研究》著者名单

（按姓氏汉语拼音排序）

艾绍英	蔡金洲	陈　义	杜连凤	段艳涛
范先鹏	冯丹妮	付　斌	谷学江	郭占玲
何丙辉	胡万里	黄东风	纪雄辉	江丽华
金平忠	寇长林	李　博	李崇霄	林超文
刘宏斌	鲁　耀	罗兴华	马兴旺	马友华
牛世伟	彭　畅	秦　松	邱　丹	苏海英
孙世友	王　炽	武淑霞	徐昌旭	杨虎德
俞巧刚	曾招兵	张富林	张继宗	张　强
赵沛义	周柳强	周明冬	朱　坚	邹　朋

前　　言

　　自 20 世纪 70 年代以来，我国地膜覆盖种植技术发展迅猛，覆盖作物逐渐由蔬菜扩展到棉花、玉米、花生、瓜果等各种作物，覆盖区域由我国中部逐渐向西北、东北、南方地区延伸。我国现已成为世界地膜使用第一大国，全国地膜用量接近 150 万 t，地膜覆盖面积近 3 亿亩，产生直接经济效益近 1500 亿元。地膜覆盖的主要功效是增产、保墒、增温、抑草，这也是地膜覆盖技术得以快速推广的根本原因。研究表明，地膜覆盖可使土壤温度增加 7%～10%，土壤水分增加 13%～21%，平均增产可达 25%～42%。

　　然而，以聚乙烯和聚氯乙烯为主的地膜在土壤中难以完全降解。在长期覆膜、缺乏及时主动回收意识的情况下，农田土壤地膜残留量逐渐积聚，负面效应日益凸显：降低土壤通透性，阻碍水分、养分运移，阻碍植物根系生长，影响植物吸收养分、水分，造成减产，破坏环境景观等，形成了"白色污染"，甚至进入河流、湖泊、海洋，成为微塑料的重要来源。农田地膜残留污染及其治理，引发了社会各界的广泛关注。

　　为深入了解我国农田土壤中地膜残留的状况和分布规律，揭示农田土壤地膜残留的成因和机制，助力农田地膜污染治理，本书以第一次全国污染源普查、公益性行业（农业）科研专项等项目成果为基础，结合文献分析和实地调查，系统分析了我国主要覆膜作物、主要覆膜区域的农田土壤地膜残留特征，以及影响地膜残留的因素。全书共八章，第一章回顾了我国使用的地膜种类、数量及地膜覆盖的效应，第二章按区域（东北、华北、华东、西北、西南和中南地区）介绍了主栽作物覆膜方式、地膜用量及地膜种类，第三章阐述了农田地膜残留监测和计算及评价方法，第四章按作物分析了所用地膜的厚度、用量和残留强度及影响因素，第五章按区域分析了所用地膜的厚度、用量和残留强度及影响因素，第六章以定位试验的数据分析了地膜残留强度和残膜面积对作物生长、土壤水分养分运移与微生物的影响，第七章分析了地膜厚度与作物产量和地膜残留的关系，第八章提出了防控地膜残留污染的对策建议。

本书受现代农业产业技术体系建设专项资金（CARS-01-33）、公益性行业（农业）科研专项（201003014）、泰山产业领军人才工程项目（LJNY202125）、大理州院士（专家）工作站和农业农村部农业生态保护专项（2007-2016）资助出版，特此感谢！

由于著者水平有限，本书的研究深度和广度还存在许多不足之处，写作中也肯定存在不妥之处，殷切希望广大读者不吝指教，批评指正。

作　者

2022 年 12 月于北京

目　　录

第一章　我国地膜应用概述

20 世纪 50 年代，随着塑料工业的蓬勃发展，农用塑料薄膜开始出现，一些发达国家首先将塑料薄膜应用于蔬菜和其他作物的生产，并取得了良好效果。日本是世界上最早进行农用地膜研究的国家，1955 年该项技术首次成功应用于草莓覆盖生产并进行示范推广，1965 年开始开展大量的应用研究工作。1977 年日本地膜覆盖面积已超过 20 万 hm^2，约占旱地作物栽培面积（120 万 hm^2）的 17%，保护地地膜覆盖度达到 93%。日本地膜覆盖栽培多用在产值高、效益大的蔬菜及其他经济作物上。法国 1961 年开始在本国的东南部试用薄膜覆盖栽培瓜类作物。意大利于 1965 年对蔬菜、草莓、咖啡及烟草等主要作物进行地膜覆盖栽培。美国于 60 年代末开始用黑色薄膜覆盖种植棉花。苏联 60 年度末开始在低温干旱季节进行薄膜地面覆盖栽培，以提高地温，减少土壤水分蒸发。

20 世纪 70 年代初期，我国利用废旧薄膜进行小面积的平畦覆盖种植蔬菜、棉花等作物。1978 年我国从日本引进一整套地膜覆盖技术，包括作业方法、专用地膜和覆盖机械等。1979 年我国地面覆盖专用膜研制成功，并在华北、东北、西北及长江流域等地区进行试验、示范和推广。1983 年我国又研制了高密度聚乙烯（high density polyethylene，HDPE）和线性低密度聚乙烯超薄地膜，随后生产出厚度为 0.015～0.020mm 的聚乙烯薄膜。1980 年我国第一台地膜覆盖机械研制成功，到 1984 年，我国已经生产出不同动力牵引的覆膜机器，其型号多达 60 余种，并成立了中国地膜覆盖栽培研究会。通过 1987～1991 年在华北、东北、西北及长江流域等地区的试验和示范，1992 年我国制定了《聚乙烯吹塑农用地面覆盖薄膜》（GB 13735—1992）生产标准，对地膜的产品分类、技术要求、试验方法、检验规则及标志、包装、运输、贮存方法进行系统规范，其中规定地膜的最低厚度为 0.008mm。

本章从地膜种类、我国地膜使用状况、地膜覆盖的农学效应以及残留地膜的环境效应四个方面介绍我国地膜的发展历程，系统概述地膜应用过程中的正面效应和负面影响。

第一节　地　膜　种　类

农用地膜是我国现代化农业发展中重要的生产资料。但是，目前我国农用地膜企业的经营状况不容乐观，我国拥有规模不等的农用薄膜生产企业近千家，其中年生产能力在 3000t 以上的大型农用薄膜生产企业约 200 家。地膜生产工艺和设备简单、生产准入门槛低，导致小型、微型企业较多，使地膜生产企业形成小、散、多的特点，造成国际竞争力缺乏、企业间恶性竞争、市场混乱、地膜生产标准难以执行等诸多问题。

　　随着地膜行业的不断发展，农用地膜种类越来越多。根据塑料地膜的制造方法不同，其可分为压延地膜、吹塑地膜；根据塑料地膜的功能不同，可分为育秧地膜、无滴地膜、除草地膜、防虫地膜等。根据塑料地膜的不同厚度和宽度划分，其又有不同规格。目前生产中常用的农用塑料地膜主要是无色透明地膜和有色地膜等，本书按照颜色将地膜划分为无色透明地膜和有色地膜两大类。

一、无色透明地膜

　　无色透明地膜是应用最普遍的地膜，因此也称为普通地膜，厚度 0.004～0.025mm，幅宽 80～300cm。无色透明地膜的透光率和热辐射率达 90%以上，保温、保墒性能显著，还有一定的反光作用，被广泛用于春季增温和蓄水保墒。缺点是当土壤湿度大时，膜内容易形成雾滴，影响透光率。

　　根据使用的塑料原料不同，无色透明地膜分为聚氯乙烯塑料地膜和聚乙烯塑料地膜。聚氯乙烯地膜的机械强度较大，抗老化性能较强，弹性好，拉伸后可以复原，是我国农业生产上推广应用时间最长、数量最多的一种地膜。聚乙烯地膜是近年推广应用的品种，由于它的制造工艺简单、透气性和导热性能好、相对密度较小（为聚氯乙烯地膜的 76%左右），使用量正在大幅度增长。

二、有色地膜

　　有色地膜是根据不同染料对太阳光谱有不同的反射与吸收规律，以及对作物、害虫有不同影响的原理，在地膜原料中加入各种颜色的染料制成的地膜。有色地膜主要有黑色地膜、绿色地膜、银灰色地膜、黑白条带膜等。根据作物需求，选择适当颜色的地膜，可达到增产增收和改善品质的目的。

（一）黑色地膜

　　黑色地膜是在聚乙烯树脂中加入 2%～3%的黑色母料，经挤出吹塑加工而成，厚度为 0.010～0.030mm。

（二）绿色地膜

　　绿色地膜是在聚乙烯树脂原料中加入一定量的绿色母料，经挤出吹塑加工而成，厚度为 0.010～0.015mm。

（三）银灰色地膜

银灰色地膜是在聚乙烯原料中加入含铝的银灰色母料，经挤出吹塑加工而成，厚度为 0.015～0.020mm。

（四）条带膜

条带膜主要有银灰色条带膜和黑白条带膜。银灰色条带膜是在透明或黑色地膜上，纵向均匀地印上 6～8 条 2cm 宽的银灰色条带，除具有一般地膜的性能外，还有避蚜、防病的作用。这种膜比全部银灰色避蚜膜的成本明显降低，且避蚜效果也略有提高。黑白条带膜中间为白色，利于土壤增温；两侧为黑色，可抑制垄旁杂草滋生。

（五）蓝色地膜

蓝色地膜的主要特点是保温性能好，在弱光照射条件下，透光率高于普通膜；在强光照射条件下，透光率低于普通膜。用于水稻育苗，所育秧苗具有苗壮、根多、成苗率高等优点。

（六）黑白双面地膜

黑白双面地膜一面为乳白色，一面为黑色，厚度为 0.020～0.025mm。乳白色向上，有反光降温作用；黑色向下，有灭草作用。由于夏季高温时降温除草效果比黑色地膜更好，因此主要用于夏秋季蔬菜抗热栽培，具有降温、保水、增光、灭草等功能。

（七）其他有色地膜

除上述有色地膜外，还有乳白地膜、黄色地膜、紫色地膜等其他颜色的地膜。乳白地膜热辐射率达 80%～90%，接近透明地膜，透光率只有 40%，对杂草有一定的抑制作用，主要用于平铺覆盖，可较好地解决透明地膜覆盖草害严重的问题。用黄色地膜覆盖栽培黄瓜，可促进其现蕾开花，增产 1～1.5 倍；覆盖栽培芹菜和莴苣，植株高大，抽薹推迟；覆盖矮秆扁豆，植株节间增长，籽粒饱满。紫色地膜覆盖对菠菜具有提高产量、推迟抽薹、延长上市季节的作用。

总之，有色地膜在我国农业生产上的应用时间不长，但从试验结果来看，与无色地膜相比，有色地膜有增加农作物产量、提高农产品质量、减轻植物病虫害等作用。但有色地膜针对性较强，在使用时要根据农作物种类和当地自然条件进行选择。例如，黄色地膜对黄瓜有明显的增产作用；蓝色地膜虽然能提高香菜维生素 B 的含量，但会造成黄瓜产量降低。此外，由于太阳光照射的强弱与不同地区的地理纬度有关，且光质与光量的关系又十分复杂等，因此要求我们在使用有色地膜时，必须经过仔细的研究与实践，在取得一定经验后再进行推广。

第二节　我国地膜使用状况

20 世纪 70 年代，我国从日本引入地膜，经历了自主研制、小面积试验、推广、示范、标准制定等历程，最终发展为地膜应用大国，地膜用量和覆膜面积居世界第一位。

一、地膜用量和覆膜面积

1991～2020 年统计数据显示，我国农用地膜用量呈持续快速增长态势，全国地膜用量从 1991 年的 29.35 万 t 增加到 2016 年的最大值 146.8 万 t，增加了 4 倍，此后国家先后出台了系列地膜控制措施，地膜用量持续缓慢下降，截止到 2020 年全国地膜用量下降到 135.7 万 t（图 1-1）。随着国家经济实力提升，部分特殊区域高附加值的经济果蔬作物逐步受到消费者的青睐，为了减少人工成本和增加作物的环保性，具有特殊功能的地膜正在被推广应用，这些特殊功能地膜的厚度是一般普通地膜的数倍，这意味着单位面积地膜用量增加较快。虽然我国 20 世纪 90 年代出台了农用地膜标准（GB 13735—1992），规定地膜厚度最低为 0.008mm，但市场上实际使用的地膜厚度为 0.004～0.025mm，其中 0.004～0.008mm 的地膜所占比重比较大，农田土壤地膜残留污染问题日渐突出，越来越受到政府的重视。

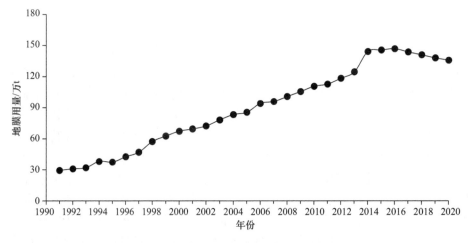

图 1-1　1991～2020 年我国农用地膜用量

地膜覆盖技术自 1978 年从日本引进，在黑龙江、吉林、辽宁、北京、上海及内蒙古等 13 个省份的棉花、烤烟和蔬菜等少数作物上进行试验，后经过在 16 个省份农业区域生产示范，确定了适合在中国各区域使用的地膜覆盖技术，从 1983 年起其作为国家重点推广项目向全国范围大面积推广。1991~2020 年《中国农业年鉴》数据显示，我国地膜覆盖面积呈持续快速增加态势，2017 年地膜覆盖面积达到了 1765.7 万 hm²，比 1991 年增加了 4.32 倍。为了有效抑制地膜覆盖面积增加，国家采取了系列措施并取得了较好效果，2017 年后我国地膜覆盖面积出现持续下降的趋势（图 1-2）。

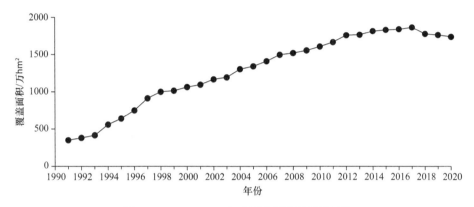

图 1-2　1991~2020 年我国农用地膜覆盖面积

二、主要覆膜作物

随着地膜覆盖技术的不断完善和发展，作物种植范围不断扩大，种植作物品种越来越丰富。从 20 世纪 80 年代的烤烟、棉花、水稻和少量蔬菜作物，到 2004 年扩大到玉米、水稻、麦类、花生、向日葵、甘蔗、木薯、马铃薯、龙眼、加工番茄、草莓、花卉及其他根茎叶类蔬菜等 60 多种作物。其中，玉米和马铃薯是我国传统覆膜的粮食作物，棉花、花生、烤烟及蔬菜是我国传统覆膜的经济作物。近年来，覆膜蔬菜种类也快速增加，据统计覆膜蔬菜品种已经超过 40 种。

三、地膜覆盖空间分布

我国 20 世纪 70 年代引进了地膜覆盖技术，80 年代初在吉林、辽宁等东北地区及湖北、云南等长江流域的地膜技术试验示范试点拉开我国地膜覆盖的序幕，随后地膜覆盖技术在全国大部分地区开展示范。随着我国地膜生产能力的提升，地膜覆盖技术日渐成熟，90 年代初我国开始进入地膜技术推广阶段，新疆、山东及长江流域地区是我国地膜的主要推广地区。2001 年，地膜覆盖技术基本覆盖除海南、西藏、青海等省份之外的所有地区，2011 年该技术已经覆盖了我国所有地区。

从地膜应用空间分布来看，由于新疆、甘肃、内蒙古等我国北方地区年降水量小、蒸发量较大，且地膜覆盖是农田减少水分蒸发的主要措施，因此这些地区是我国地膜用量较大的地区。其次，由于西南地区为高海拔冷凉区域，春播期间干旱严重，土壤积温较低，严重影响春播作物的播种时间和粮食产量，因此西南山区也是地膜用量较大的地区之一。

此外，蔬菜作物种植时间不断延长及空间不断扩展，作物品种日益增多，加大了地膜的使用强度及应用范围。露地蔬菜及设施蔬菜（保护地蔬菜）的种植范围越来越广，时间跨度宽，其地膜用量增加的趋势非常明显。

第三节　地膜覆盖的农学效应

地膜覆盖栽培技术作为近代农业的一项重要技术，能有效改善农作物生长发育条件，使其抵抗不良环境的影响，充分利用有限的光、热、水和养分等资源，从而获得高产、优质效果。现将地膜覆盖的主要农学效应总结如下。

一、增温

地膜覆盖能够有效提高土壤温度，地膜的增温机制主要为：①地膜隔绝了土壤与外界的水分交换，抑制了潜热交换；②地膜减弱了土壤与外界的显热交换；③地膜及其表面附着的水层对长波反辐射有削弱作用，减缓了夜间温度的下降。

地膜覆盖促使作物充分利用丰富的光热资源，提高作物生育期间的积温，使每个生长季的有效积温增加 $200 \sim 300℃$，提前满足作物对热量的需求。郑秀清等（2009）的研究表明，覆膜地温较裸地高 $1.6 \sim 2.6℃$，显著降低了冻害发生风险。王俊等（2003）的研究认为，春小麦地膜覆盖在播种后 30 天可以增温 $5℃$ 以上。据对旱地地膜谷子的测定，苗期 $0 \sim 15cm$ 土层温度比露地净增 $1.3 \sim 2.3℃$，拔节期增温 $0.3 \sim 1.1℃$，全生育期积温增加 $150 \sim 200℃$。

地膜覆盖技术推广应用以来，使得部分喜温作物适种地区的地理纬度向北推移了 $2° \sim 4°$，高山地区作物种植的海拔向上推移了 $500 \sim 1000m$，显著提高了农作物增产增收的经济效益。

二、保墒

地膜覆盖具有很好的集水、蓄水、保墒作用，在新疆、甘肃、内蒙古等干旱少雨地区其保墒作用尤为突出。在干旱地区进行地膜覆盖，由于在土壤表面设置了一层不透气的膜，阻止了土壤水分的垂直蒸发，促进了水分的横向运移，可以有效保蓄土壤水分，减少蒸发，协调作物生长用水、需水矛盾，并且促进了对深层水分的利用。

地膜覆盖可增加土壤贮水量 30%，降低蒸散量 50%，减少水分亏缺 15%以上。蒋骏等（1998）在宁南试验的秋覆膜春小麦的产量较露地条播增产 51.6%，水分利用率提高 55.9%。据调查，覆盖地膜的玉米较不覆膜可增加土壤水分 48mm，水分利用率高达 37.5kg/(mm·hm^2)（野宏巍，2001）。门旗等（2003）通过试验结合公式概算得出，地膜覆盖率由 35%提高到目前的最大覆盖率 90%，其棵间蒸发减少 51.8%，与裸地相比土壤棵间蒸发减少 74.6%。因此，在农作物封垄之前最好不要揭膜，以减少棵间土壤蒸发，增加作物有效蒸腾。地膜覆盖在集水保墒的同时，较大程度地提高了有效水分生产潜力。

三、增产

覆膜技术在增温、保墒等方面发挥着巨大作用，其广泛的应用已使我国粮食作物增产 20%～35%，经济作物增产 20%～60%，对保障粮食安全有重要意义。

玉米是覆膜面积最广的粮食作物，相关统计表明，全国有 700 万～800 万 hm^{2}春玉米和鲜食玉米采用地膜覆盖技术。覆盖地膜对玉米具有明显的增产效应，主要是通过改善耕层土壤水热状况，促进种子萌发和植株发育，提高氮肥肥效及水分利用效率来实现的。大量研究结果显示，地膜覆盖技术使玉米平均增产 3.8%～32.1%，部分地区增产幅度达 164.5%。与露地春玉米相比，地膜覆盖春玉米生育进程加快，生育期缩短，株高、茎粗和叶面积指数增加。特别是高海拔冷凉山区，由于海拔高、无霜期长，玉米难以完全成熟，应大力推广地膜覆盖技术，促进玉米生长发育，确保玉米能够完全成熟，从而实现玉米高产稳产。张红锋等（2015）采用田间试验研究覆膜对西藏地区玉米生长和产量的影响，结果表明，与不覆膜相比，覆膜玉米整个生育期缩短 15 天左右，产量增加 3795.0kg/hm^2。此外，覆膜技术改善了玉米品质，增加了籽粒的粗淀粉含量和籽粒容重。

随着覆膜技术的发展，小麦和水稻作物也开始推广应用地膜覆盖技术，其发挥了巨大的增产效应。王鹤龄等（2008）认为覆膜能够通过增强春小麦籽粒灌浆期的生长势，提高粒重和产量。杨海迪等（2011）的研究结果表明，普通地膜和降解膜显著提高了小麦灌浆期的含水量，对小麦籽粒产量形成至关重要，与不覆膜相比，普通地膜和降解膜处理土壤含水量分别提高 8.0%和 7.0%，小麦籽粒产量分别提高 38.0%和 36.3%。张鸿和樊红柱（2011）通过研究四川雨养条件下地膜覆盖对水稻产量的影响，发现地膜覆盖通过提高水稻有效穗数、穗长、穗粒数等提高水稻产量，与不覆膜相比，全膜覆盖和半膜覆盖的水稻产量分别提高 8.7% 和 5.1%。

地膜覆盖技术除为我国粮食产量安全作出巨大贡献外，还提高了我国经济作物产量，增加了农民经济收入。我国主要的覆膜经济作物有棉花、花生、大蒜、甘薯、马铃薯等。覆膜可协调花生营养生长和生殖生长，增加百果重、荚果及籽仁成熟饱满度，与不覆膜相比，增产幅度达 25.2%。浙江地膜覆盖栽培试验结果表明，地膜覆盖栽培使花生植株生育前中期生长良好，能提早出苗、开花、下针，且提早达到入土果针数，与不覆膜相比，产量增加 57.7%。甘肃省对 5 个马铃薯品种采用地膜覆盖和露地两种栽培措施进行试验，结果表明，地膜覆盖比露地增产 11%~51%。赵爱琴等（2015）采用元分析（meta-analysis）方法，发现地膜覆盖在西北地区增产效应最显著，相对增产率为 35.6%；其次是东南和西南地区，相对增产率分别为 20% 和 12%。地膜覆盖栽培能促进大蒜生长发育，显著提高大蒜产量，与不覆膜相比，产量增加 58.3%。此外，对于其他作物，覆膜后甜菜产量比露地高 18.0%；甘薯增产 21.3%~31.8%；油菜产量增加 8.0%~54.2%；皮棉增产 20.0%~40.0%；大棚内主要栽培的果类蔬菜提早上市 2~10 天，增产 30%~70%；露地地膜覆盖的 12 种蔬菜增产 16.8%~215%。

四、其他效应

地膜覆盖能有效地保护土壤耕层不受破坏，减轻大雨或暴雨对地面的冲刷，减少水土流失等灾害；在盐碱地区，地膜覆盖能抑制盐碱地的返盐作用，在膜下形成一个特殊的低盐耕作层，降低盐碱危害，保苗护根；地膜覆盖对杂草生长和病害发生也有抑制作用，特别是黑色地膜以及黑白条带膜的应用，能够有效解决透明地膜应用过程中垄旁杂草滋生的问题。

第四节　残留地膜的环境效应

地膜是人工合成的高分子化合物，降解期较长，其不合理利用容易造成土壤中残膜积累。随着土壤中地膜残留强度的增加，残膜带来的负面效应日益凸显：降低土壤质量，影响作物生长；破坏环境景观；造成牲畜误食。

一、降低土壤质量，影响作物生长

残膜对土壤的物理结构影响较大，能够造成土壤板结、含水量降低、孔隙度减小、通透性变差等一系列问题，增加耕作难度。同时，残膜还通过影响土壤微生物含量和活性，影响土壤养分的释放，导致肥力下降。相关研究表明，覆膜 15 年以上的棉田中，膜际（距离残膜≤2mm）土壤微生物量比膜外减少6.3%～15.5%，土壤细菌量减少 34.6%。随着地膜残留强度的升高，土壤 pH 上升，有机质、碱解氮、有效磷和有效钾含量下降。

此外，残膜可导致土壤水分移动受阻（表 1-1），会造成土壤耕层盐分积累增加，容易形成次生盐渍化，连续覆膜 5～20 年可导致表层土壤盐含量增加122.0%～146.0%（Liu et al.，2014）。并且随着地膜使用量的增加，土壤中邻苯二甲酸酯等酞酸酯类化合物（增塑剂）及重金属含量也会增加，进而对土壤、作物和人类产生不利影响。

表 1-1　残膜对土壤理化性质的影响

地膜残留强度/(kg/hm^2)	影响	参考文献
200	饱和导水率为无膜处理的 12.0%	王志超等，2015
225	土壤容重增加18.2%,土壤孔隙度降低13.8%,土壤含水量降低11.7%	赵素荣等，1998
360	水分下渗速度明显减慢，只有对照的 66.7%	南殿杰等，1994
>360	明显影响土壤水分的上下移动，土壤容重较对照升高 5.8%～7.2%	解红娥等，2007
1440	水分上移速度为对照的 53.3%，水分下渗速度为对照的 15.9%	解红娥等，2007
2000	土壤 pH 上升 10.2%，有机质、碱解氮、有效磷含量分别下降 16.7%、55.0%、60.3%	董合干等，2013a

残膜积累导致土壤物理性状恶化、地力下降，严重影响作物的生长发育，造成农作物减产。残膜易导致烂种、烂芽，降低出苗率。辛静静等（2014）研究发现，当残膜量为 180kg/hm^2、360kg/hm^2 和 720kg/hm^2 时，玉米出苗率分别降低 2.2%、4.8%和 10.9%。同时，地膜的大量残留还会阻碍棉花根系生长，使根系形态呈现鸡爪形和丛生形等畸形，也可导致地上和地下部分生长不平衡，冠根比降低。当土壤中残膜量达到 500kg/hm^2 时，玉米的苗期株高受到显著影响；地膜残留量达到 900kg/hm^2 时，棉花单株铃数和单铃重明显减少。薛菁芳等（2006）连续 18 年的长期定位试验研究表明，当地膜覆盖到一定年限后，生物产量和经济产量开始呈现下降趋势。毕继业等（2008）对地膜覆盖技术的正面效应和地膜残留的负面影响进行评价，得出湖北省在使用地膜覆盖技术 36 年后，残膜所造成的农作物减产率将大于由地膜覆盖技术引起的农作物增产率，残膜对农作物产量的负效应再持续 16 年则可以抵消由地膜覆盖增温保墒使农作物增加的全部产量。

二、破坏环境景观

由于农民对残膜回收工作的不重视，部分区域存在应用地膜后不进行回收，残膜随意弃于田间的现象。即便是回收区域，也存在回收不彻底的问题，加上方法欠妥，部分清理出来的残膜被人为弃于田边、地头、沟渠、林带之中，最终残膜成为白色污染的主要来源，大风将残膜吹至房前屋后、田间树梢，影响农村环境景观，形成视觉污染（图1-3）。

图 1-3　残膜形成的视觉污染

三、造成牲畜误食

废弃残膜易与作物残茬、牧草混在一起，被牛羊误食后，阻隔食道，影响消化，甚至导致牲畜死亡，给农民造成不必要的财产损失。

由此可见，从长远来看，只有不断加强残膜回收，科学使用地膜覆盖技术，才能避免残膜的负面影响，最大限度地发挥地膜的增产作用。

参 考 文 献

毕继业，王秀芬，朱道林. 2008. 地膜覆盖对农作物产量的影响[J]. 农业工程学报，24(11): 172-175.

曹玉军，程兆东，郑百行，等. 2015. 地膜覆盖残留的危害及防治对策研究[J]. 安徽农业科学，43(6): 258-259.

陈典, 于锡宏, 李春雨. 1996. 地膜覆盖对大蒜生长发育及产量的影响[J]. 东北农业大学学报, 27(4): 349-353.

陈发. 2008. 新疆残膜回收机械化技术研究、应用与建议[J]. 新疆农业科学, 45(S2): 127-134.

陈金焕, 梁尹明, 孙永飞, 等. 2013. 地膜覆盖对新昌小京生花生生长的影响[J]. 浙江农业科学, 54(4): 384-385.

董合干, 刘彤, 李勇冠, 等. 2013a. 新疆棉田地膜残留对棉花产量及土壤理化性质的影响[J]. 农业工程学报, 29(8): 91-99.

董合干, 王栋, 王迎涛, 等. 2013b. 新疆石河子地区棉田地膜残留的时空分布特征[J]. 干旱区资源与环境, 27(9): 182-186.

江燕, 史春余, 王振振, 等. 2014. 地膜覆盖对耕层土壤温度水分和甘薯产量的影响[J]. 中国生态农业学报, 22(6): 627-634.

蒋骏, 王俊鹏, 贾志宽. 1998. 宁南旱地春小麦地膜覆盖栽培试验初报[J]. 干旱地区农业研究, 16(1): 36-40.

晋小军, 李国琴, 潘荣辉. 2004. 甘肃高寒阴湿地区地膜覆盖对马铃薯产量的影响[J]. 中国马铃薯, 18(4): 207-210.

景军胜, 董振生, 张修森, 等. 1998. 地膜覆盖对晚播冬油菜生长发育及产量的影响[J]. 陕西农业科学, 44(5): 6-8.

李建奇. 2008. 地膜覆盖对春玉米产量、品质的影响机理研究[J]. 玉米科学, 16(5): 87-92, 97.

李青军. 2008. 土壤残膜对棉花生长及土壤微生物活性的影响[D]. 石河子: 石河子大学硕士学位论文: 51.

李青军, 危常州, 雷咏雯, 等. 2008. 白色污染对棉花根系生长发育的影响[J]. 新疆农业科学, 45(5): 769-775.

李素芹, 臧海景, 韩风浩. 1999. 地膜覆盖对春玉米生育性状和产量的影响[J]. 玉米科学, 7(S1): 67-69.

刘建国, 李彦斌, 张伟, 等. 2010. 绿洲棉田长期连作下残膜分布及对棉花生长的影响[J]. 农业环境科学学报, 29(2): 246-250.

马登超, 厉广辉, 樊宏. 2014. 地膜覆盖对春播花生荚果性状及产量形成的影响[J]. 山东农业科学, 46(9): 49-52.

马辉. 2008. 典型农区地膜残留特点及对玉米生长发育影响研究[D]. 北京: 中国农业科学院硕士学位论文: 48.

门旗, 李毅, 冯广平. 2003. 地膜覆盖对土壤棵间蒸发影响的研究[J]. 灌溉排水学报, 22(2): 17-20, 25.

南殿杰, 解红娥, 李燕娥, 等. 1994. 覆盖光降解地膜对土壤污染及棉花生育影响的研究[J]. 棉花学报, 6(2): 103-108.

田晓东, 朱文彬. 1998. 地膜甜菜效果分析[J]. 新疆农业科技, (6): 9.

王鹤龄, 王润元, 牛俊义, 等. 2008. 黄土高原地膜春小麦地上干物质累积与转运规律[J]. 生态学杂志, 27(1): 28-32.

王俊, 李凤民, 宋秋华, 等. 2003. 地膜覆盖对土壤水温和春小麦产量形成的影响[J]. 应用生态学报, 14(2): 205-210.

王树森, 邓根云. 1991. 地膜覆盖增温机制研究[J]. 中国农业科学, 24(3): 74-78.

王喜庆, 李生秀, 高亚军. 1998. 地膜覆盖对旱地春玉米生理生态和产量的影响[J]. 作物学报,

24(3): 348-353.

王序俭, 周亚立, 曹肆林, 等. 2010. 新疆兵团棉田地膜残留现状、危害及防治对策研究[C]. 上海: 2010 国际农业工程大会: 4.

王志超, 李仙岳, 史海滨, 等. 2015. 农膜残留对土壤水动力参数及土壤结构的影响[J]. 农业机械学报, 46(5): 101-106, 140.

尉元明, 王静, 乔艳君. 2005. 化肥、农药和地膜对甘肃省农业生态环境的影响[J]. 中国沙漠, 25(6): 957-963.

武宗信, 解红娥, 任平合, 等. 1995. 残留地膜对土壤污染及棉花生长发育的影响[J]. 山西农业科学, 23(3): 27-30.

解红娥, 李永山, 杨淑巧, 等. 2007. 农田残膜对土壤环境及作物生长发育的影响研究[J]. 农业环境科学学报, 26(S1): 153-156.

辛静静, 史海滨, 李仙岳, 等. 2014. 残留地膜对玉米生长发育和产量影响研究[J]. 灌溉排水学报, 33(3): 52-54.

许香春, 王朝云. 2006. 国内外地膜覆盖栽培现状及展望[J]. 中国麻业, 28(1): 6-11.

薛菁芳, 汪景宽, 李双异, 等. 2006. 长期地膜覆盖和施肥条件下玉米生物产量及其构成的变化研究[J]. 玉米科学, 14(5): 66-70.

严昌荣, 刘恩科, 舒帆, 等. 2014. 我国地膜覆盖和残留污染特点与防控技术[J]. 农业资源与环境学报, 31(2): 95-102.

严昌荣, 王序俭, 何文清, 等. 2008. 新疆石河子地区棉田土壤中地膜残留研究[J]. 生态学报, 28(7): 3470-3474.

杨海迪, 海江波, 贾志宽, 等. 2011. 不同地膜周年覆盖对冬小麦土壤水分及利用效率的影响[J]. 干旱地区农业研究, 29(2): 27-34.

杨天育, 何继红. 1999. 谷子地膜覆盖栽培研究成效及应用前景[J]. 国外农学——杂粮作物, 19(4): 40-42.

野宏巍. 2001. 陇东旱作农业蓄水保墒综合技术[J]. 干旱地区农业研究, 19(3): 7-12.

于立红, 王鹏, 焦峰, 等. 2011. 地膜中酞酸酯类化合物及重金属对土壤-大豆体系的污染研究[J]. 水土保持研究, 18(3): 201-205.

于立红, 于立河, 王鹏. 2012. 地膜中邻苯二甲酸酯类化合物及重金属对土壤-大豆的污染[J]. 干旱地区农业研究, 30(1): 43-47, 60.

张德奇, 廖允成, 贾志宽. 2005. 旱区地膜覆盖技术的研究进展及发展前景[J]. 干旱地区农业研究, 23(1): 208-213.

张红锋, 王伟, 魏素珍. 2015. 地膜覆盖对西藏林芝土壤性质及玉米产量的影响[J]. 西北农林科技大学学报(自然科学版), 43(10): 14-18, 26.

张鸿, 樊红柱. 2011. 川西平原雨养条件下地膜覆盖对水稻产量的影响研究[J]. 西南农业学报, 24(2): 446-450.

张建军, 郭天文, 樊廷录, 等. 2014. 农用地膜残留对玉米生长发育及土壤水分运移的影响[J]. 灌溉排水学报, 33(1): 100-102.

张杰, 任小龙, 罗诗峰, 等. 2010. 环保地膜覆盖对土壤水分及玉米产量的影响[J]. 农业工程学报, 26(6): 14-19.

张永涛, 汤天明, 李增印, 等. 2001. 地膜覆盖的水分生理生态效应[J]. 水土保持研究, 8(3): 45-47.

赵爱琴, 魏秀菊, 朱明. 2015. 基于 Meta-analysis 的中国马铃薯地膜覆盖产量效应分析[J]. 农业工程学报, 31(24): 1-7.

赵素荣, 张书荣, 徐霞, 等. 1998. 农膜残留污染研究[J]. 农业环境与发展, 15(3): 7-10.

郑秀清, 陈军锋, 邢述彦, 等. 2009. 季节性冻融期耕作层土壤温度及土壤冻融特性的试验研究[J]. 灌溉排水学报, 28(3): 65-68.

Chen Y, Wu C, Zhang H, et al. 2013. Empirical estimation of pollution load and contamination levels of phthalate esters in agricultural soils from plastic film mulching in China[J]. Environmental Earth Sciences, 70(1): 239-247.

Liu E K, He W Q, Yan C R. 2014. 'White revolution' to 'white pollution'—agricultural plastic film mulch in China[J]. Environmental Research Letters, 9(9): 091001.

第二章 我国不同区域主要作物地膜覆盖方式与特点

我国幅员辽阔，耕地分布广，气候类型复杂多样，海拔跨度大，小气候环境突出，作物种类繁多。我国地膜覆盖在不同的区域和特定条件下，具有不同的作用。例如，在干旱地区或干旱季节地膜覆盖的主要作用是节水抗旱/保水保墒；在高海拔地区或低温季节地膜覆盖的主要作用是增加土壤积温；在雨水丰富、杂草较多的地区覆膜的主要作用是除草；在盐碱化地区覆膜的主要作用是降盐等；在部分作物中覆膜也有利于提高作物经济部分的卫生指标。近年来，随着地膜覆盖技术的应用，作物适应区域越来越广，地膜覆盖的作物种类越来越多，由于不同区域的覆膜目的不同，其地膜覆盖方式、覆盖时间、地膜种类也是复杂多样。本章重点介绍我国 30多种主要覆膜模式，重点围绕覆膜目的、适宜区域、地膜覆盖方式、地膜回收方式、地膜覆盖周期、地膜规格、地膜颜色、地膜用量与覆盖比例及操作规程等进行介绍。

第一节 分区依据与原则

气候条件、土壤类型、地膜规格、覆盖措施及灌溉条件等因素是地膜残留强度的主要影响因素，本书在行政区划结合气候类型、降水及积温等主要因子的基础上，充分考虑土壤类型、种植制度、作物种类、覆膜目的、覆膜技术措施及灌溉等重要因素进行分区，将我国划分为东北、华北、华东、西北、西南及中南等六大分区（表 2-1）。

表 2-1 我国六大分区气候特征

分区	主要气候类型	年均降水量/mm	≥10℃年积温/℃
东北地区	温带湿润半湿润季风气候	500~800	1000~3000
华北地区	温带湿润半湿润季风气候	400~800	3400~5400
华东地区	温带季风气候/亚热带季风气候	500~1500	4000~4500
西北地区	温带大陆性气候	200~500	4500~6000
西南地区	亚热带季风气候	800~1600	4500~8000
中南地区	热带、亚热带季风气候	800~1800	4500~8000

东北地区：辽宁省、吉林省、黑龙江省和内蒙古自治区东部（赤峰市、通辽市、兴安盟、呼伦贝尔市）。

华北地区：北京市、天津市、河北省、山西省、山东省、河南省和内蒙古自治区中部（呼和浩特市、乌兰察布市、锡林郭勒盟）。

华东地区：上海市、江苏省、浙江省、安徽省、福建省、江西省。

西北地区：陕西省、甘肃省、青海省、宁夏回族自治区、新疆维吾尔自治区和内蒙古自治区西部（阿拉善盟、巴彦淖尔市、包头市、鄂尔多斯市）。

西南地区：重庆市、四川省、贵州省、云南省、西藏自治区。

中南地区：湖北省、湖南省、广东省、广西壮族自治区、海南省。

第二节 东 北 地 区

东北地区包括黑龙江、吉林、辽宁三省及内蒙古自治区东部，是全国热量资源较少的地区之一。平均≥0℃年积温为 2500～4000℃，无霜期 90～180 天；夏季高温多雨，冬季漫长严寒，四季分明，春、秋季时间短；年均降水量为 500～800mm，由东向西呈减少趋势。东北地区是国家商品粮重要基地，主要种植的粮食作物包括玉米、水稻和马铃薯，同时辅种的经济作物包括大豆、花生、向日葵及少量的烤烟等。为保证作物正常生长，东北地区多采用地膜覆盖来提高地表温度，并且近年来露地蔬菜及设施蔬菜面积不断增加，导致东北地区地膜使用量和覆膜面积也逐年增加。据统计，截至 2012 年，东北地区地膜覆盖面积已经达到 197 万 hm²。其中蔬菜和马铃薯的覆膜面积分别占到了 83%和 7%，玉米和花生分别占 4%和 5%，其他作物占 1%。

一、玉米地膜覆盖技术模式

玉米是东北地区的重要粮食作物，在湿润、半湿润的中东部地区，玉米发育期间气温较低、积温不足，经常发生低温冷害和霜冻，导致玉米严重减产。玉米地膜覆盖栽培是一种有效防御低温和霜冻灾害、促进增产增收的农业工程技术措施。在东北地区西部的半干旱生态区，春季地膜覆盖也是保水增产的有效措施。东北地区玉米地膜覆盖技术如图 2-1 所示。

图 2-1 东北地区玉米地膜覆盖技术

2013 年 5～6 月拍摄于吉林省乾安县赞字乡父字村（拍摄人：彭畅）

适宜区域：黑龙江省、吉林省、辽宁省中部、内蒙古自治区东部地区。

地膜覆盖方式：可以分成两种类型，一是玉米大小垄平作半覆膜集雨沟播技术，二是宽窄行地膜起垄覆盖。

地膜铺设方式：以机械为主，局部山区或半山区采取人工铺设。

地膜回收方式：以机械回收为主，辅以人工回收。

地膜覆盖周期：4月中旬至9月下旬，约150天。

地膜规格：地膜厚度0.004～0.010mm，地膜幅宽60～130cm。

地膜颜色：以白色为主。

地膜用量及覆盖比例：地膜用量30～75kg/hm^2，覆盖比例50%～90%。

操作规程：①播前整地。在作物收获后、土壤上冻前进行深翻处理，种前进行耙糖，整地要求达到地平、土碎、无根茬残膜。②播种。整地后，采用播种-覆膜-施肥一体机于地温稳定在9～10℃时开始播种，播种时间一般为4月末至5月初，膜上种植两行玉米。③查苗、放苗。采用穴播种植，每穴播1～3粒种子，株距28～33cm，留苗60 000～82 500株/hm^2，发现有苗出土时，及时查苗、放苗、护苗出土，防止烧苗。④灌溉方式。多采用大水漫灌和膜下滴灌。

技术模式评价：玉米地膜覆盖技术模式可以有效提高地温，加速玉米生长发育，使晚熟品种提早成熟，免受低温冷害影响；而且可以有效防止土壤水分逸散蒸发，具有较好的保水、保肥效果，可以促进玉米增产20%以上；同时可以有效减少玉米田间杂草数量，减少田间中耕次数，节本增效作用明显。但地膜覆盖具有较复杂的劳动及技术要求，同时机械配套存在问题，生产上较难大面积推广；而且很多地块所用地膜厚度低于国家标准（0.01mm），导致地膜回收困难，加之农民对残膜的危害意识不足，导致地膜残留日趋严重。建议生产上使用厚度大于0.008mm的地膜或可降解地膜，进一步规范和完善农艺农机融合技术，实现艺机一体化。

二、花生地膜覆盖技术模式

辽宁独特的地理优势为花生大面积种植创造了条件。截至目前，辽宁的花生种植面积已经超过500万亩①，绝大多数为覆膜栽培（图2-2），花生地膜覆盖栽培模式可使花生平均增产30%以上，多的可达50%以上，而且品质好。但该种植模式对土壤水分的要求较高，要求覆膜前底墒要足，水分不足（0～10cm土壤含水量低于12%）就要灌溉造墒，不可无底墒起畦覆膜。

适宜区域：辽宁省和吉林省西部半干旱区。

地膜覆盖方式：起垄覆盖。

---

① 1亩≈666.7m^2

图 2-2　东北地区花生地膜覆盖技术

2011 年 5 月拍摄于辽宁省阜新市彰武县西六家子乡八家子村（拍摄人：刘万国）

地膜铺设方式：机械或人工铺设。

地膜回收方式：花生收获前 15 天，人工顺垄揭除地膜。

地膜覆盖周期：4 月中旬至 9 月下旬，约 150 天。

地膜规格：地膜厚度 0.004～0.008mm，地膜幅宽 80～120cm。

地膜颜色：以白色为主。

地膜用量及覆盖比例：地膜用量 60～75kg/hm²，覆盖比例 64%～82%。

操作规程：①整地开畦。畦面要做成平顶形，畦面压实，以利于果针穿透薄膜，畦的两侧做成斜面，以使膜与地表贴实。畦上宽 60～65cm，畦底宽 85～90cm，畦间小行距 30cm，畦间大行距 50～60cm，畦上小行距 35～40cm，畦高 10～12cm，穴距 13.5～15.5cm，每穴播种 2 粒，播深 4～5cm。②地膜选择。幅宽为 90～120cm，厚度为 0.005～0.008mm 的聚乙烯薄膜（断裂伸长率≥100%、拉伸强度≥100kg/cm²、直角撕裂强度≥30kg/cm²、透光率≥80%）。③种植密度。种植密度为 142 500～157 500 穴/hm²，每穴 2 粒，保苗 28 万～31 万株/hm²。④铺膜。铺膜时要求放膜要慢、摆平、拉紧，使薄膜紧贴畦面，平展无皱纹，两边用土压实，防止透风漏气。为了防止地膜被风掀开，可采取每隔 5m 横压一条宽为 1～2cm、厚度为 5～10cm 的土带，垄向最好与风向垂直。

技术模式评价：垄上覆膜种植模式最大的优点是苗期增温保墒，一般与裸地种植相比耕层土壤温度增加 1.9～2.5℃，土壤含水量提高 1.0%～1.6%，促进花生提早出苗 2～3 天；其次可以增强光合作用，研究表明，与裸地相比光合速率提高了 1%，气孔导度增大了 21.7%，胞间 CO_2 浓度增加了 8.6%，蒸腾速率提高了 7.8%；还可以抑制杂草，配合使用除草剂后杂草清除效果更好。但由于地膜的使用需要通过人工在膜上打孔来增加自然降水入渗，相对会增加劳动成本，另外多数地区不回收残膜，多年累积会影响作物生长导致减产。建议选用可降解地膜，并推广应用地膜回收机具，减少地膜残留污染。

三、露地蔬菜地膜覆盖技术模式

露地瓜菜轮作覆膜模式（图 2-3）在东北地区的经济效益较好，具有农民增收、农业增效的双重作用，近年来被政府大面积推广。由于东北地区昼夜温差大，利于鲜食水果的干物质积累，口感风味好。同时瓜菜等轮作方式既可以解决土壤连作障碍问题，也可以增加复种指数、提高土地利用效率。因此，瓜菜轮作覆膜模式在东北区域具有广泛的推广前景。

图 2-3　东北地区露地瓜菜地膜覆盖技术

2013 年 9 月拍摄于黑龙江省哈尔滨市双城市希勤满族乡（拍摄人：王爽）

适宜区域：黑龙江省、吉林省、辽宁省中部、内蒙古自治区东部。

地膜覆盖方式：采用机械或人工铺设地膜，人工种植。

地膜回收方式：以机械耙拾为主，辅以人工捡拾。

地膜覆盖周期：4 月中旬至 9 月下旬，约 150 天。

地膜规格：地膜厚度 0.004～0.008mm；地膜幅宽 100～120cm。

地膜颜色：以白色为主，黑色和灰色地膜兼用。

地膜用量及覆盖比例：地膜用量 40～70kg/hm^2，覆盖比例 50%～70%。

操作规程：一般 4 月上中旬播种育苗，先覆膜后打孔播种，待出苗一段时间后，在 5 月定植，行距 100cm，株距 3cm，种植密度 30 000～33 000 株/hm^2。定植完毕后立即在垄沟上用事先准备好的一年生杨柳枝弯成弓形，两端插入沟壁起拱，拱高 20cm 左右，拱距 100cm 左右。覆膜时一人在前面扯紧地膜，后面两人把地膜两侧用土压严、踩实。

技术模式评价：露地瓜菜轮作覆膜栽培不仅可以提高土壤温度，促进作物生长，有利于瓜菜提早上市，增加农民收入，还可以减少土壤水分蒸发，稳定土壤湿度，有利于土壤微生物增殖。同时，地膜覆盖可控制杂草滋生，在一定程度上起到了节水节药作用。但由于残膜难清除，加上东北地区气温低降解慢，地膜应用多年后会造成环境污染。建议使用厚度大于0.012mm以上的地膜，并根据区域气候特点适期揭膜，减少残膜污染。

第三节 华 北 地 区

华北地区包括北京、天津、河北、山东、山西、河南及内蒙古中部地区。华北地区属于典型的温带湿润半湿润季风气候，四季分明，降水偏少，夏季炎热多雨，冬季寒冷干燥，春秋短促，多年平均气温5～20℃，平均降水量400～800mm。小麦、玉米、水稻和马铃薯是传统的粮食作物，花生、棉花和向日葵是传统的经济作物，露地蔬菜及设施蔬菜规模较大。2012年，华北地区地膜覆盖面积615万hm²，其中蔬菜覆膜面积占41%，棉花覆膜面积占20%，花生覆膜面积占15%，玉米覆膜面积占11%，马铃薯覆膜面积占5%，其他作物覆膜面积占8%。

一、马铃薯地膜覆盖技术模式

马铃薯是内蒙古中东部地区重要的粮食作物和经济作物，产量高，增产潜力大，在农业生产中占有重要地位，多数为覆膜种植（图2-4）。随着农业种植结构的调整，马铃薯的种植面积不断扩大，已经成为增加农民收入的重要途径。马铃薯性喜冷凉，适宜在较低的温度条件下生长。因此可充分利用早春或晚秋的光热资源，复种或套种粮油、蔬菜及其他经济作物，增加复种指数，提高经济效益，有较好的应用前景。

图2-4 华北地区马铃薯地膜覆盖技术

2013年4～5月拍摄于内蒙古乌兰察布市凉城县岱海镇（拍摄人：张泽源）

适宜区域：华北地区及内蒙古中部地区。

地膜覆盖方式：宽窄行起垄或平作覆盖。

地膜铺设方式：机械覆膜。

地膜回收方式：机械耙糖后人工回收。

地膜覆盖周期：4月中下旬至9月下旬，约150天。

地膜规格：地膜厚度0.004~0.010mm，地膜幅宽70~80cm。

地膜颜色：以白色透明地膜为主。

地膜用量及覆盖比例：地膜用量52~60kg/hm²，覆盖比例70%~80%。

操作规程：①整地。将前茬残留根茬、秸秆和石块等杂物清除干净并耙糖。②播种。机械覆膜，宽窄行播种，滴灌支管随播种一次性铺设于膜下，大行距70cm，小行距40cm，每穴播1块种薯，株距30~35cm。

技术模式评价：膜下滴灌模式不仅可以发挥传统覆膜栽培的增温保墒作用，还可以利用中耕培土的田间作业大幅度控制杂草滋生，而且最大的优点还体现在节水节肥上。相关研究表明，该模式与滴灌不覆膜相比，可节水节肥15%以上，提高化肥利用率5%~8%，提高马铃薯产量20%以上，促进农民增收。但膜下滴灌栽培在培土时地膜和滴灌带均被埋到土下，无法确定膜下滴灌管道的通畅情况，堵塞不易发觉；其次是地膜和滴灌带由于中耕培土被土壤掩埋，回收困难，需利用机械进行地膜回收，易造成地膜残留量增加，而且回收滴灌带时也较不覆膜滴灌增加劳力投入，但纯收益仍然较高。

二、棉花/小麦套种地膜覆盖技术模式

棉花是河南省主要的经济作物之一，目前的种植模式主要是棉花/小麦套种及棉花/小麦/西瓜套种模式（图2-5）。地膜通常以白色地膜为主，兼有少量黑膜及红膜等功能型地膜，常用地膜的厚度为0.005~0.006mm，地膜覆盖时间约150天，通常为4月中旬至9月下旬。在此种植模式中地膜主要发挥了保温、保水及除草等作用。

图2-5　华北地区棉花/小麦套种地膜覆盖技术

2014年4月拍摄于河南省开封市通许县大岗李乡（拍摄人：郭战玲）

适宜区域：河南省通许、尉氏、新郑等地。

地膜覆盖方式：起垄根区覆膜。

地膜铺设方式：人工铺膜。

地膜回收方式：人工回收。

地膜覆盖周期：4 月中旬至 9 月下旬，约 150 天。

地膜规格：地膜厚度 0.004～0.008mm，地膜幅宽 60cm。

地膜颜色：以白色为主，兼有少量黑色及红色等功能型地膜。

地膜用量及覆盖比例：地膜用量 15～18.75kg/hm^2，覆盖比例大约 30%。

操作规程：①整地起垄。小麦播种后，小麦播幅为 2.4m，预留 1m 空地，一般在 4 月中下旬，在预留空地起两垄，垄宽度 50cm，高度大约 15cm。②先覆膜后播种，或先播种后覆膜两种方法，播种深度 2～3cm，株距 33cm，行距 60cm，出苗后及时开孔放苗。

技术模式评价：该覆膜模式最大的优点是可以改善棉田生态环境，在棉花播种至初花阶段，有明显的增温效果，促进棉花"早播全苗、壮苗早发、早熟大桃、高产优质"；减少土壤蒸发，提高水分利用率；控制杂草、病、虫危害，促进微生物活动，活化土壤潜肥。相关研究显示，与不覆膜相比，单株铃重增加 0.11～0.54g，衣分提高 0.2%～3.2%，霜前花比例提高 1.5%～25.5%。覆膜区地膜薄，主要靠人工清捡回收，农民对耕地质量的保护意识薄弱，对残膜的危害认识不足，加上农村劳动力短缺，清捡破碎薄膜费时费力，茬口紧，导致无法彻底回收残膜，容易造成"白色污染"。

三、棉花一膜双行地膜覆盖技术模式

河北是黄淮海流域最大的棉花种植区域，一膜双行地膜覆盖是河北省最主要的棉花地膜覆盖技术模式（图 2-6），近年来棉花种植面积虽然有所下降，但播种

图 2-6　华北地区棉花一膜双行地膜覆盖技术

2014 年 4 月拍摄于河北省威县枣园乡东张庄村（拍摄人：王燕）

面积总体维持在 50 万 hm^2 左右，棉花覆膜面积约占棉花播种面积的 100%。黄淮海流域在 4～6 月雨水稀少、水分蒸发量大、土壤温度低，因此，棉花早期地膜覆盖发挥了土壤增温、抗旱、保墒等多重作用，为棉花保苗、增产提供了有力的保证。一膜双行地膜覆盖技术模式常用的地膜厚度为 0.006mm 或 0.008mm，覆膜时间一般为 60 天，少部分为 200 天。

适宜区域：黄淮海平原区棉花主产区。

地膜覆盖方式：宽窄行起垄覆膜。

地膜铺设方式：机械覆膜。

地膜回收方式：6 月中旬或者 11 月上旬，人工回收。

地膜覆盖周期：4 月中下旬至 6 月中旬或 11 月上旬，约 60 天或 200 天。

地膜规格：地膜厚度 0.006mm 或 0.008mm，地膜幅宽 80～100cm。

地膜颜色：白色透明地膜。

地膜用量及覆盖比例：地膜用量 37.5～45kg/hm^2，覆盖比例 30%～40%。

操作规程：①播种前需要先进行灌水旋耕，将地耙平后直接播种，在 4 月下旬由播种机一次完成开沟、播种、覆膜、压土作业，压土后膜面宽度约 60cm。②播种后 5～7 天棉花出苗，等到棉花两片子叶快要顶到地膜时要破膜放苗，放苗后一周左右用土将破膜孔处压严，增强塑料地膜的增温保墒作用。③6 月中旬棉花窄行基本封垄，此时塑料地膜失去了增温保墒作用，可人工揭除地膜。

技术模式评价：该覆膜模式采用窄行覆膜，最大的优点为减少地膜使用量，同时可以起到增温保墒的作用，促进苗期生长。此外，棉花生长过程中地膜位于窄行，不影响宽行的中耕除草，地膜覆盖也可以起到除草作用。相关研究表明，该覆膜模式与不覆膜相比，可提前出苗，节水 20% 以上，产量提高 10%～20%。缺点是地膜位于窄行，生长期间回收有一定难度，人工回收较困难，需收获后利用机械进行回收，而由于机械回收易造成部分地膜被土翻压覆盖，破损残膜不易回收，因此该覆膜模式推荐使用较厚且质量较好的地膜。

四、棉花一膜单行地膜覆盖技术模式

山东省的棉花种植历史悠久，明清时期植棉业已有相当规模，2012 年全省棉花种植面积 800 多万亩，主要分布在菏泽、济宁、德州、聊城、潍坊北部、东营和滨州等地市。棉花适宜播种期是 4 月中旬，常因气温回升慢、不稳定，使得棉花齐苗、壮苗受到限制。地膜覆盖具有保温增温作用，同时具有保墒提墒作用，可以确保棉花一播全苗、壮苗早发。自 1981 年山东省开始推广棉花地膜覆盖栽培技术，至今一膜单行地膜覆盖棉花面积占棉田面积的 80% 以上（图 2-7）。棉花种植技术从开始的人工铺设地膜，到机械播种-覆膜技术，再到机械播种-施肥-覆膜-

压膜一体化技术，现已形成了机械化操作技术。

图 2-7　华北地区棉花一膜单行地膜覆盖技术

2013 年 4 月拍摄于山东省临清市临馆街（拍摄人：王仲敏）

适宜区域：山东菏泽、济宁、聊城、德州等地市。

地膜覆盖方式：宽窄行播种，机械覆膜 600mm，走道 800mm。

地膜铺设方式：机械覆膜，种植、覆膜一体化。

地膜回收方式：不回收地膜。

地膜覆盖周期：4 月中下旬至 6 月中旬（蕾期）或 11 月上旬（收获期），约 60 天或 200 天。

地膜规格：地膜厚度 0.004～0.008mm，地膜幅宽 90cm。

地膜颜色：白色透明地膜。

地膜用量及覆盖比例：地膜用量 22～30kg/hm²，覆盖比例 45%～50%。

操作规程：①土地深耕翻犁平整后，拖拉机播种、覆膜一次完成；②宽窄行种植，宽行 80cm，窄行 60cm；③出苗后 2～3 天，人工破膜放苗，优选长势旺、健壮棉苗，剔除多余棉苗，株距约 30cm；④根据不同耕作习惯，在蕾期或收获期去除地膜。

技术模式评价：该覆膜模式最大的优点为提温保墒，有效解决了山东省棉区苗蕾期（4～6 月）低温、干旱对棉花出苗和生长的限制问题，以确保苗全苗壮。此外，地膜覆盖还能控制杂草危害。相关研究表明，该模式与不覆膜相比，能改善土壤物理性状，表现为能够调节土壤温湿度，使得土壤水分利用率提高 8% 以上，籽棉增产 8% 左右。缺点是地膜较薄，强度较低，容易破碎，加之农民缺乏地膜回收意识，残留地膜容易造成"白色污染"。因此，该覆膜模式应使用厚度较大、质量较好的地膜。

五、设施蔬菜地膜覆盖技术模式

"菜篮子"工程是我国重点民生工程之一。北京作为首都，"菜篮子"更是关系到市民生活的一大问题。此外，设施蔬菜作为都市型现代农业发展的一种重要形式，对京郊农业产业发展和农民致富起到了积极作用。发展设施蔬菜作为发展都市型现代农业、促进农民增收的一种有效形式，可有效地提高农业总产值，增加农民收入，是发展都市型现代农业的有效途径，也是北京市推进农业结构调整的重要手段。2014年，北京设施蔬菜面积为31 012hm²，占蔬菜总播种面积的54%。蔬菜对水肥需求量大，但根系较浅，加之北京属于缺水城市，因此设施蔬菜覆膜在节水、增产方面效果显著（图2-8），对农业增产增效起到了重要的作用。

图 2-8　华北地区设施蔬菜地膜覆盖技术

2015 年 8 月 19 日拍摄于北京市房山区韩村河镇（拍摄人：左强）

适宜区域：华北地区设施农业种植区。

地膜覆盖方式：起垄根区覆膜。

地膜铺设方式：人工铺膜。

地膜回收方式：人工回收。

地膜覆盖周期：2 月上旬到 7 月下旬，9 月上旬到次年 1 月下旬，约 300 天。

地膜规格：地膜厚度 0.006～0.008mm，地膜幅宽 90～100cm。

地膜颜色：以白色为主，辅以少量黑色地膜。

地膜用量及覆盖比例：地膜用量 45kg/hm²，覆盖比例 50%～60%。

操作规程：①起垄。整地施肥后，做 M 形小高畦，畦距 1.3～1.5m，畦高 15cm，畦中部铺 1～2 条滴灌带。②铺膜。在畦上铺 90cm 或 100cm 宽的地膜，边缘用表土适当压盖。③移栽定植。畦上双行种植，行距 35～40cm，株距随作物而定，一般番茄 40～50cm，用小铲在地膜上（连同膜下土壤）铲出小孔（坑），再把幼苗定植到膜下土壤中，膜上苗周围用表土封严。植株生长期均采取膜下滴灌形式进行水肥一体化管理，拉秧后人工除膜。

　　技术模式评价：覆盖地膜是设施蔬菜高效生产的关键技术之一。该覆盖方式不仅能提高根区土壤温度，减少水分散失，防止地表板结，还能有效降低设施内的空气温度，减少病害的发生与传播，有利于蔬菜作物的生长发育，以获得高产。另外，地膜的种类较多，覆盖透明地膜时，在水汽的蒸发作用下，在膜下形成一层细小的水滴膜，能反射光线，增加近地表光照，促进作物光合作用；黑色地膜能抑制膜下杂草的生长；银灰色地膜具有驱避蚜虫的作用。

第四节　华 东 地 区

　　华东地区包括上海、江苏、浙江、安徽、江西、福建等地，属亚热带季风气候或温带季风气候。水稻、玉米、麦类、马铃薯、蔬菜等是该地区的主要作物。2012 年，华东地区地膜覆盖面积 99 万 hm²，其中蔬菜覆膜面积占 73%，玉米覆膜面积占 15%，马铃薯覆膜面积占 12%。

一、马铃薯地膜覆盖技术模式

　　浙江地处亚欧大陆与西北太平洋的过渡地带，属于典型的亚热带季风气候区，气温适中，光照较多，雨量充沛，四季分明。马铃薯由于具有适应性强、分布广、营养成分全及耐贮藏等特点，因此成为该省的重要农作物之一，且多与其他作物间套种覆膜栽培（图 2-9）。浙江省全年马铃薯种植面积约有 5.381 万 hm²，一般春季为商品薯生产，秋季为种薯生产。

图 2-9　华东地区马铃薯地膜覆盖技术
2013 年 4 月拍摄于浙江省嘉兴市海宁市（拍摄人：李艳）

　　适宜区域：浙中和浙南地区。
　　地膜覆盖方式：宽幅起垄覆盖。

地膜铺设方式：人工铺设。

地膜回收方式：人工回收。

地膜覆盖周期：150 天左右。

地膜规格：地膜厚度 0.008mm，地膜幅宽 80cm。

地膜颜色：白色地膜。

地膜用量及覆盖比例：地膜用量 50～70kg/hm^2，覆盖比例 70%～100%。

操作规程：①土地深耕翻犁平整后，人工起垄，垄宽约 90cm，垄高 20～30cm。②剔除芽眼坏死、脐部腐烂、皮色暗淡的薯块，选择优良的马铃薯薯块作为种薯。③施入肥料和除草剂后，进行播种（穴播），株距 25～30cm，行距 48cm，应尽量减少肥料与种薯的接触，盖土厚度为 8～10cm。④铺膜时要求将膜拉紧、铺平、盖严，使薄膜能够紧贴土壤表面。

技术模式评价：马铃薯地膜覆盖种植具有保水、提高土壤温度等作用，可使马铃薯提早 1～2 周上市，给农民带来了较高的收益，同时种植春马铃薯还可解决冬闲田抛荒问题。但推广该技术模式时，应加强残膜回收，目前虽然采用人工回收，但回收效果不是很理想，有的地块有比较明显的地膜残留，残留量已达 17.22kg/hm^2。

二、棉花地膜覆盖技术模式

棉花是安徽省的主要经济作物之一，种植区主要分布在安庆、合肥、宿州等地，跨越全省，生长期为 4～9 月，棉花种植主要采用地膜覆盖技术（图 2-10），棉花地膜主要是白膜（即聚乙烯地膜），厚度一般在 0.005mm，膜宽 160cm，主要在 4～5 月开始覆膜。

图 2-10　华东地区棉花地膜覆盖技术

2014 年 7 月拍摄于安徽省安庆市宿松县复兴镇（拍摄人：周自默）

适宜区域：安徽省。

地膜覆盖方式：宽幅起垄覆盖。

地膜铺设方式：人工铺设。

地膜回收方式：棉花收获后人工回收。

地膜覆盖周期：150～180 天。

地膜规格：地膜厚度 0.005mm，地膜幅宽 160cm。

地膜颜色：白色透明地膜。

地膜用量及覆盖比例：地膜用量约 60kg/hm²，覆盖比例约 85%。

操作规程：①精细整地，将前茬残留根茬、秸秆、石块等杂物清除干净；②覆膜移栽前一周左右施基肥；③人工或机械起垄开沟，垄宽 160cm，行距 100cm；④先盖膜打洞，后移栽，一洞一株，株距 33cm，移栽后进行人工灌溉，盖膜一定要严密，且将地膜拉紧、铺平、铺匀。

技术模式评价：地膜覆盖种植对春棉早期防御低温起到一定的作用，而且可以保墒提墒，稳定土壤水分，改善土壤理化性质和土壤养分状况，促进棉花生育进程。但因覆盖的地膜厚度普遍不达标，容易造成土壤地膜残留。

三、黄瓜地膜覆盖技术模式

浙江省黄瓜栽培较广，栽培方式多种多样。目前，黄瓜地膜覆盖种植是浙江省黄瓜栽培的必要措施之一（图 2-11）。黄瓜种植中使用的地膜主要有黑膜和白膜两种，地膜厚度 0.004～0.012mm。

图 2-11　华东地区黄瓜地膜覆盖技术

2011 年 3 月拍摄于浙江省丽水市莲都区（拍摄人：俞巧钢）

适宜区域：南方山区。

地膜覆盖方式：宽幅起垄覆盖。

地膜铺设方式：人工铺设。

地膜回收方式：人工回收。

地膜覆盖周期：90～150 天。

地膜规格：地膜厚度 0.004～0.012mm，地膜幅宽 120cm。

地膜颜色：白色和黑色。

地膜用量及覆盖比例：地膜用量 50～90kg/hm^2，覆盖比例 70%～80%。

操作规程：①土地深耕翻犁平整后，耕层土壤充分耙碎，摊平地面；②人工或机械起垄，翻耕作畦，畦宽 120cm、高 15cm 以上，沟施基肥；③覆盖地膜，盖膜一定要严密，将地膜拉紧、铺平、铺匀，膜的两边各留 10cm 用于压土固膜，将地膜两边用土压紧压实；④覆膜后打洞，再移栽，一洞一株，行距 50～80cm，株距 20～25cm。

技术模式评价：黄瓜地膜覆盖种植可起到保温、保湿等作用，特别是早春黄瓜，采用地膜覆盖能比露地栽培早熟 5～15 天，产量提高 30%以上。但推广应用该技术时应注意使用达标地膜，且加强残膜回收，否则容易造成土壤地膜残留，影响土壤质量。

四、辣椒地膜覆盖技术模式

辣椒是我国人民喜食的蔬菜和调味品，已成为部分省份人民的特殊嗜好，并逐步遍及全国。江西是辣椒种植大省，每年种植面积在 7 万 hm^2 左右，占全省蔬菜面积的 10%，以鲜食为主。由于春季气温较低，早春辣椒的规模化种植通常采用宽幅起垄覆盖方式（图 2-12）。根据种植品种不同，覆膜时间主要为每年 3 月上旬到 4 月中旬。

图 2-12　华东地区辣椒地膜覆盖技术

2011 年 4 月拍摄于江西省南昌县向塘镇（拍摄人：谢杰）

适宜区域：华东地区。

地膜覆盖方式：宽幅起垄覆盖。

地膜铺设方式：人工铺设。

地膜回收方式：辣椒采摘后人工回收。

地膜覆盖周期：120 天。

地膜规格：地膜厚度 0.004～0.006mm，地膜幅宽 200cm。

地膜颜色：白色地膜。

地膜用量及覆盖比例：地膜用量 63～90kg/hm^2，覆盖比例约 90%。

操作规程：①土地深耕翻犁平整后，人工起垄，垄宽约 200cm，垄高约 20cm。②人工起垄后在垄上直接移栽，行距 40cm，株距 40cm。③可采用先覆膜后移栽或先移栽后覆膜两种方式，追肥可以用铺施、沟施或穴施的方法。

技术模式评价：辣椒种植过程中覆盖地膜可起到增温保墒作用，避免倒春寒对辣椒幼苗的损害；同时还有清除杂草、减轻病虫危害的作用。但该技术模式因使用的地膜较薄且残膜回收程度较低，会造成土壤污染，特别是长期覆盖地膜的区域，土壤中地膜残留量明显增加，有的地块残膜量已高达 223.66kg/hm^2。

五、甜瓜地膜覆盖技术模式

甜瓜具有悠久的历史，在我国江西、湖南、广东等地均广泛种植，栽培方式多种多样，是夏季主要瓜果之一。甜瓜品种多，适应性好，具有良好的经济价值，受到瓜农喜欢。甜瓜常在早春采用地膜覆盖的方式进行种植（图 2-13），其早熟、增产、增收效果十分显著，该方式得到广泛的推广。甜瓜的地膜覆盖常在谷雨前后进行，采用宽幅起垄的覆盖方式，地膜以使用白膜为主，厚度 0.004～0.006mm。

图 2-13　华东地区甜瓜地膜覆盖技术

2011 年 4 月拍摄于江西省南昌县向塘镇（拍摄人：谢杰）

适宜区域：华东地区。

地膜覆盖方式：宽幅起垄覆盖，先铺膜后移栽或先播种后铺膜。

地膜铺设方式：人工铺设。

地膜回收方式：甜瓜采摘完毕，整株枯萎后人工回收。

地膜覆盖周期：120 天。

地膜规格：地膜厚度 0.004～0.006mm，地膜幅宽 150cm。

地膜颜色：白色地膜。

地膜用量及覆盖比例：地膜用量 63～90kg/hm^2，覆盖比例约 90%。

操作规程：①土地深耕翻犁平整后，每隔 1～1.5m 开沟，人工起垄，垄高约 20cm，垄上覆盖地膜以熟化土壤。②人工起垄后在垄上直接移栽，幼苗苗龄 3～4 叶、地温稳定在 15℃以上时即可进行移栽定植，每亩移栽 3500～4000 株。③采用直接播种后覆膜的方法种植时，于垄上浅播即可，覆土厚度以不见种子为宜，立即覆膜。幼苗破心时在幼苗正上方薄膜处画十字使幼苗顺利破膜并及时间苗、追肥。④追肥可以用铺施、沟施或穴施的方法。

技术模式评价：甜瓜地膜覆盖种植具有早熟、增产、增收等作用。但目前生产中使用的地膜普遍较薄，不易回收，覆盖比例大，且回收多为人工捡拾，回收率低，因而土壤中地膜残留普遍，长期连续在同一地区使用该技术可能会对土壤质量产生影响。

六、大蒜地膜覆盖技术模式

大蒜是华东地区连片种植面积最大的重要出口创汇蔬菜作物之一，主要分布在江苏省北部邳州市和山东省的鲁南地区金乡县及河南省杞县等区域，大蒜地膜种植主要以收获蒜头为目标，还有部分区域以收获蒜薹为目的。大蒜栽培覆盖措施以作畦宽幅覆盖为主（图 2-14），大蒜栽培所覆盖的地膜主要是白膜，地膜厚度为 0.004mm，主要覆膜时间为每年 9 月中下旬到次年 5 月中下旬，地膜覆盖时间为 6 个月，地膜覆盖大蒜在整个生长期间都不揭膜。

适宜区域：黄淮海平原地区。

地膜覆盖方式：作畦宽幅平整覆盖。

地膜铺设方式：人工铺设。

地膜回收方式：人工回收，在大蒜收获后人工回收或种植旱作物后秋季回收。

地膜覆盖周期：180 天。

地膜规格：地膜厚度 0.004mm，地膜幅宽 300～400cm。

地膜颜色：白色透明地膜。

地膜用量及覆盖比例：地膜用量 60～80kg/hm^2，覆盖比例约 100%。

图 2-14　华东地区大蒜地膜覆盖技术
2013 年拍摄于江苏省邳州市宿羊山镇（拍摄人：李博）

　　操作规程：①整地施肥。先适当深耕（15～20cm），均匀施入基肥，并使肥土充分混匀，再细耙碎土，然后作畦，做到深耕细耙、精细整地、畦面平整，地平肥匀、上虚下实、草净土细、沟畦配套、排灌自如，以提高地膜覆盖的效能。②盖膜。先播种，后盖膜。膜要盖严、压紧。做到膜紧贴地，无空隙，膜无皱纹，有洞及时用土堵上。盖膜一定要严密，将地膜拉紧、铺平、铺匀，膜的两边各留10cm 压土，并且要将地膜两边用土压紧压实，以防大风揭膜。但膜边压土不宜过多，不要在地膜上乱放土块和杂物，以免影响光照，降低地膜的覆盖效果，最大限度地保持膜面宽度，扩展采光面，达到净、细、严、紧、实、平、展的要求，以利出苗。③在幼苗顶土期，要及时查看苗情，膜整平、盖紧，70%的大蒜幼苗能自己顶破薄膜出苗，发现不能顶破薄膜出苗的幼苗要及时进行人工辅助出苗。方法是用小刀将薄膜划一小口，用小铁丝弯成的小钩将苗引出，或用小刀划破薄膜将幼苗拉出，每天进行人工辅助出苗，3～4 天苗可全部出齐。如不及时进行人工辅助出苗，幼苗将在膜下弯曲生长，将膜顶起，不利于大蒜正常生长。

技术模式评价：大蒜是喜水耐肥的蔬菜作物，覆盖地膜改善了其环境条件。地膜覆盖后可以减少土壤水分蒸发，保持土壤水分含量，达到保水抗旱的效果，可以减少浇水次数，确保土壤墒度适宜，早春避免了浇水降低地温的弊端，为植株生长创造了有利条件。地膜覆盖在冬前可提高地表温度 2~3℃，有效提高土壤温度，增加积温，并有利于抑制杂草的大面积发生和危害。大蒜地膜覆盖条件下，植株生长健壮，根系发达，叶面积大，可促进大蒜增产。地膜覆盖的增温效应可以促进大蒜提前分化抽薹，获得较高的经济效益，对于收获蒜头的大蒜可以加快蒜头的膨大，从而增加蒜头的直径和重量。但同时，该大蒜覆膜技术使用的地膜较薄，不易回收，容易造成土壤地膜残留，但如果回收管理得当，该技术也不会产生严重的土壤地膜残留问题，如在江苏省邳州市连续推广该技术 20 年以上，土壤中残膜量也仅为 10.51kg/hm^2。

七、露地蔬菜[①]地膜覆盖技术模式

安徽省处于亚热带向暖温带过渡的地带，气候温和、湿润，四季分明，适合蔬菜的生长。安徽地区虽然雨量充沛，但是干湿季分明，所以在每年 2~6 月，土壤水分明显不足，蔬菜地膜覆盖技术发挥着不可替代的作用（图 2-15）。安徽省蔬菜主要覆膜时间为每年 2~6 月，可以种植两茬蔬菜。安徽省蔬菜种植中常用的地膜厚度为 0.005mm，以幅宽 80cm 覆盖为主。

图 2-15　华东地区露地蔬菜地膜覆盖技术
2013 年 4 月拍摄于安徽省安庆市宿松县浮玉镇（拍摄人：周自默）

适宜区域：安徽省中南部地区。
地膜覆盖方式：宽幅起垄覆盖。

---

① 本节指叶菜

地膜铺设方式：人工铺设。

地膜回收方式：人工回收。

地膜覆盖周期：120～150 天。

地膜规格：地膜厚度 0.005mm，地膜幅宽 80cm。

地膜颜色：白色和黑色。

地膜用量及覆盖比例：地膜用量约 55kg/hm^2，覆盖比例约 80%。

操作规程：①土地耕作层翻耕平整后，人工起垄，垄宽 80cm，垄高约 15cm；②人工起垄后覆膜，覆盖地膜时，地膜要与地面贴紧，地膜边缘要尽量垂直压入沟内，入土深度不少于 5cm，同时覆膜后在膜上压土，一般每隔 3～5m 压一堆湿土，以防大风揭膜，或地膜上下浮动伤害幼苗；③覆膜后，垄上打洞移栽，一洞一株，株距 30cm，行距 60cm；④菜苗移栽后进行人工灌溉，约 10 天以后施基肥。

技术模式评价：露地蔬菜覆膜的主要作用为保水抗旱和防治杂草（黑色地膜），大棚蔬菜覆膜不仅解决了冬春季节棚室湿度大的问题，还在一定程度上控制了设施蔬菜病害，达到节药、省工、省力的目的。但蔬菜覆盖的地膜普遍较薄，易破碎，不易回收，虽然现已普遍进行人工回收，但仍然会有土壤地膜残留的问题，特别是在长期持续使用该技术的区域。

第五节 西 北 地 区

西北地区包括新疆、甘肃、陕西、宁夏、青海和内蒙古西部。地处内陆，为典型的温带大陆性气候，夏季炎热，冬季严寒，降水稀少，蒸发量大，全年干旱，除东部个别地区和一些高山年均降水量超过 400mm 以外，其余地区均低于 400mm，大部分地区不足 200mm。西北地区植被稀疏，沙漠广布，冬春两季多风沙，多沙尘暴天气。没有灌溉，就没有农业，在山前水源充足的地方，农作物和各种瓜果产量高、品质优良，形成了西北地区特有的绿洲农业。玉米、麦类、马铃薯是传统的粮食作物，棉花、向日葵、番茄是传统的经济作物，近年来随着节水农业技术的发展和推广，露地覆膜蔬菜种植面积不断扩大。2012年，西北地区覆膜面积为 380 万 hm^2，其中棉花覆膜面积占 44%，玉米覆膜面积占 24%，蔬菜覆膜面积占 15%，马铃薯覆膜面积占 14%，其他覆膜面积占3%。

一、玉米全膜覆盖技术模式

全膜双垄沟播技术集覆盖抑蒸、垄沟集雨、垄沟种植技术于一体（图 2-16），实现了增温保墒、就地入渗、雨水富集以及提高肥效的效果。其特点：①显著减少了棵间无效蒸发，保墒增墒效果显著；②具有显著的雨水集流作用，可使有限的降水，甚至是 5mm 以下的无效降水，通过垄的分水作用、地膜良好的阻渗作用汇集到种植沟，并沿播种孔入渗到作物根部，变成有效降水，大大提高了耕层土壤水分含量，很好地弥补了普通半覆盖种植降水滞留膜面的缺陷，集雨效果远优于平铺半覆盖方式；③显著提高了土壤温度和积温，扩大了中晚熟玉米品种的种植区域；④提升了水肥耦合协同效应，促进作物生长发育，达到增产增收。

图 2-16　西北地区玉米全膜双垄沟播技术
2012 年拍摄于甘肃省白银市（拍摄人：杨虎德）

　　适宜区域：西北地区。
　　地膜覆盖方式：全膜双垄沟播覆盖。
　　地膜铺设方式：人工或机械覆膜。
　　地膜回收方式：玉米收获后人工回收。
　　地膜覆盖周期：180 天。
　　地膜规格：地膜厚度 0.008～0.010mm，地膜幅宽 120～140cm。
　　地膜颜色：白色地膜。
　　地膜用量及覆盖比例：地膜用量 45～52kg/hm²，覆盖比例 90%～100%。
　　操作规程：①整地，每年 3 月初进行土地翻耕，使得土块细碎、均匀一致。②采用人工或机械起垄，缓坡地沿等高线起垄，小垄宽 40cm、垄高 15cm，大垄宽 70cm、垄高 10cm，用 120cm 宽的薄膜全地面覆盖。

二、玉米垄膜沟灌技术模式

　　在甘肃河西走廊地区，玉米在农业生产及农业经济发展中具有重要作用。该区热量丰富，但水资源短缺，玉米种植主要采用垄膜沟灌栽培技术（图 2-17）。该技术将半膜覆盖、全膜覆盖与垄作沟灌技术结合，在传统地膜覆盖技术的基础上，减少了田间灌溉面积，加快了灌溉水在田间的流速，减少了灌溉水的深层渗漏，进一步提高了春季土壤温度，缓解了干旱缺水对农业生产的制约，解决了影响玉米产业发展的春季低温和早霜冻害问题，已被列为《甘肃省河西及沿黄主要灌区高效农田节水技术推广三年规划》的主体技术。

图 2-17　西北地区玉米垄膜沟灌技术
2012 年拍摄于甘肃省武威市（拍摄人：杨虎德）

适宜区域：西北地区。

地膜覆盖方式：垄上覆膜与垄上和沟内全部覆膜两种方式。

地膜铺设方式：机械覆膜。

地膜回收方式：玉米收获后人工回收。

地膜覆盖周期：180 天。

地膜规格：地膜厚度 0.008～0.010mm，地膜幅宽 120～140cm。

地膜颜色：白色透明地膜。

地膜用量及覆盖比例：地膜用量 37kg/hm^2 或 75kg/hm^2，覆盖比例约 75%或 100%。

操作规程：①整地，每年 3 月初进行土地翻耕，使得土块细碎、均匀一致。②起垄及覆膜，于玉米播种前 5～7 天用玉米起垄覆膜机一次性完成起垄、覆膜作业，垄幅 100cm，垄宽 60cm，沟宽 40cm，垄高 20cm。③地膜覆盖垄面或覆盖垄面和垄沟，并在膜面每隔 2m 左右压一道"土腰带"。

三、玉米一膜双行地膜覆盖技术模式

北疆博乐市年均降水量为 178.5mm，年蒸发量 1550～4000mm，光照充足，昼夜温差大，年平均气温 6.5℃，≥15℃的活动积温 2618.5℃，≥10℃总积温 3261.3℃，全年无霜期为 185 天。土壤类型为灰漠土，光、热、水、土等自然资源具有北疆农业生产典型区域的特点，地膜覆盖技术在当地粮食生产中发挥着不可替代的作用，地膜覆盖栽培技术的应用可使玉米大幅增产。一膜双行地膜覆盖模式是传统的玉米地膜覆盖模式（图 2-18），其技术和配套机械成熟度高。

图 2-18　西北地区玉米一膜双行地膜覆盖技术

2011 年拍摄于新疆博乐市（拍摄人：周明冬）

适宜区域：北疆区域。

地膜覆盖方式：地膜平铺。

地膜铺设方式：机械覆膜。

地膜回收方式：玉米收获后人工回收。

地膜覆盖周期：4～10 月。

地膜规格：地膜厚度 0.008～0.010mm，地膜幅宽 70cm。

地膜颜色：白色地膜。

地膜用量及覆盖比例：地膜用量 17.5kg/hm^2，覆盖比例约 75%。

操作规程：①整地。秋季玉米收获后，回收残膜、翻耕土地（翻耕深度 25～28cm）、翻垡均匀并进行冬灌，次年 3 月开春进行耙地，使得土块细碎、均匀一致，待播，同时再次回收残膜。②覆膜播种。4 月初播种、铺膜同时进行，机械平铺地膜，膜上播种覆膜一体机精量播种、覆土，膜两边压土，风多地区每隔 8～10m 打 1 个小土埂。③播种量，7.5 万～9 万株/hm^2。

四、玉米一膜四行地膜覆盖技术模式

南疆尉犁县属暖温带大陆性荒漠气候，光热资源丰富，气候四季分明。年降水稀少，年均降水量仅为 53.6mm，年蒸发量为 2965mm，地表水主要来自塔里木河和孔雀河。该地区光能资源丰富，作物生长期为 4～10 月，日照时数为 1911～2055h，年平均温度高于 10℃，无霜期平均为 184 天，最长达 212 天。地膜覆盖技术实现了保墒蓄墒、雨水富集、就地入渗、增温以及提高肥效的作用（图 2-19）。其特点：①显著减少了棵间无效蒸发，保墒增墒效果显著；②显著提高了土壤温度和积温，扩大了晚熟玉米品种的种植区域；③提升了水肥耦合协同效应，促进作物生长发育，达到增产增收。

图 2-19　西北地区玉米一膜四行地膜覆盖技术

2011 年拍摄于新疆尉犁县（拍摄人：周明冬）

适宜区域：南疆区域。

地膜覆盖方式：采用全膜春季播种覆盖。

地膜铺设方式：机械覆膜。

地膜回收方式：玉米收获后机械或者人工回收。

地膜覆盖周期：4～10 月。

地膜规格：地膜厚度 0.008～0.010mm，地膜幅宽 125～140cm。

地膜颜色：白色透明地膜。

地膜用量及覆盖比例：地膜用量 78～90kg/hm²，覆盖比例 75%～85%。

操作规程：①整地，每年 3 月初进行土地翻耕，使得土块细碎、均匀一致。②播种量，82 500～97 500 株/hm²。③中耕揭膜。

五、棉花地膜覆盖技术模式

北疆博乐市年均降水量为 178.5mm，年蒸发量在 1550～4000mm，光照充足，昼夜温差大，年平均气温 6.5℃，≥15℃的活动积温 2618.5℃，≥10℃总积温 3261.3℃，全年无霜期为 185 天。土壤类型为灌耕灰漠土，光、热、水、土等自然资源具有北疆农业生产典型区域特点，棉花是新疆传统的、种植面最大的经济作物，其用水量较大，地膜覆盖技术发挥着不可替代的作用。棉花地膜覆盖栽培技术（图 2-20）的应用不仅有效降低用水量，还可使其增产大幅增加。

图 2-20 西北地区棉花地膜覆盖技术

2011 年拍摄于新疆博乐市（拍摄人：周明冬）

适宜区域：北疆区域。

地膜覆盖方式：地膜平铺。

地膜铺设方式：机械覆膜。

地膜回收方式：棉花收获后，春播整地时人工回收。

地膜覆盖周期：4～10 月。

地膜规格：地膜厚度 0.008～0.010mm，地膜幅宽 140～205cm。

地膜颜色：白色地膜。

地膜用量及覆盖比例：地膜用量 67.5～75kg/hm²，覆盖比例 85%～90%。

操作规程：①整地。秋季棉花收获后，回收残膜、翻耕土地（翻耕深度 25～28cm），翻垡均匀并进行冬灌，次年 3 月开春进行耙地，使得土块细碎、均匀一致，并再次回收残膜。②覆膜播种。4 月初铺膜和播种同时进行，机械平铺地膜，膜上点播机精量播种、覆土，膜两边压土，风多地区每隔 8～10m 打 1 个小土埂，以防大风揭膜。③播种量，24 万～27 万株/hm²。

六、加工番茄地膜覆盖技术模式

新疆属典型的大陆性干旱气候，博乐市年均降水量为 178.5mm，年蒸发量在 1550～4000mm，光照充足，昼夜温差大，年平均气温 6.5℃，≥15℃的活动积温 2618.5℃，≥10℃总积温 3261.3℃，全年无霜期为 185 天。加工番茄是以送入加工厂加工番茄酱、番茄干及番茄红素产品的一种栽培类型，其产品经济效益较高。近年来，主要集中在新疆种植，逐渐发展到内蒙、甘肃、宁夏等地。在加工番茄种植过程中，地膜覆盖技术发挥着不可替代的作用（图 2-21），可使其增产 20%～60%。

图 2-21　西北地区加工番茄地膜覆盖技术

2011 年拍摄于新疆博乐市（拍摄人：周明冬）

适宜区域：北疆区域。

地膜覆盖方式：地膜平铺。

地膜铺设方式：机械覆膜。

地膜回收方式：前茬收获后人工回收。

地膜覆盖周期：4～10 月。

地膜规格：地膜厚度 0.008～0.010mm，地膜幅宽 90cm。

地膜颜色：白色地膜。

地膜用量及覆盖比例：地膜用量 60kg/hm²，覆盖比例约 80%。

操作规程：①整地，秋季前茬收获后，回收残膜、翻耕土地，耕深 25～28cm，翻垡均匀，冬灌，开春 3 月底耙地，回收残膜，使得土块细碎、均匀一致，待播。②覆膜播种，4 月初播种、铺膜同时进行，机械开沟，平铺地膜，膜上点播机精量播种、覆土，膜两边压土，风多地区每隔 8～10m 与膜行垂直打小土埂，以防大风揭膜。③播种量，4.5 万～5.3 万株/hm²。

七、番茄地膜覆盖技术模式

番茄（西红柿）是世界上重要的蔬菜作物之一，因其含有丰富的营养成分，既被作为蔬菜熟食和生食，又可作为水果食用。番茄含有丰富的抗氧化剂，可以减少自由基对皮肤的破坏，备受广大群众的喜爱。番茄属于喜温喜光性蔬菜，较耐低温，虽然需要较多的水分，但不必经常大量灌溉。由于水资源日益紧缺和农业种植结构的调整，番茄膜下滴灌技术在北方地区被大面积推广应用（图 2-22），不仅在节水、增产和提高果实品质方面效果显著，而且对灌区实现农业增效、农民增收的可持续节水战略起到了重要作用。

图 2-22　西北地区番茄地膜覆盖技术

2011 年 5 月、7 月拍摄于内蒙古巴彦淖尔市五原县民利村二社（拍摄人：靳存旺）

适宜区域：西北及内蒙古西部灌区。

地膜覆盖方式：宽窄行起垄覆盖。

地膜铺设方式：采用机器铺设地膜。

地膜回收方式：以人工回收为主。

地膜覆盖周期：4 月中下旬至 9 月中下旬，时间为 150 天左右。

地膜规格：地膜厚度 0.005～0.008mm，地膜幅宽 70cm。

地膜颜色：以白色透明地膜为主。

地膜用量及覆盖比例：地膜用量 30.0～52.5kg/hm²，覆盖比例约 45%。

操作规程：①选地整地。选择 3～4 年未种植茄科蔬菜的地块，秋收后灭茬，将前茬残留根茬、秸秆和石块等杂物清除干净并耙糖。②覆膜铺管。移植前 7～10 天进行覆膜并施肥，滴灌带随覆膜一次性铺设于膜下，膜间行距 120～130cm。③移植。5 月上旬挖穴移植，每膜种植两行，膜间大行距 80～90cm，膜上小行距 40cm，株距 40～50cm。④田间管理。苗期中耕 2 次，随灌水实时进行追肥，并加强病虫害防治。⑤果实采收。成熟果及时采收，最后一次采收后，将滴管带和植株秸秆人工移出农田外。

技术模式评价：由于膜下铺设滴灌带，该覆膜模式最大的优点为节水节肥。同时，5 月初，内蒙古地区温度较低，地膜还兼具保温、促进苗期生长的作用。此外，马铃薯生长过程中培土使地膜位于地下，其除草作用较显著。相关研究表明，该覆膜模式与不覆膜相比，可节水 40%以上，减少化肥用量 20%～30%，提高番茄产量 20%以上，亩均增收 570 元左右。缺点是无法确定膜下滴灌管道的通畅情况，一旦堵塞不易发觉。地膜位于地下，给地膜回收造成一定难度，人工回收较困难，需利用机械进行回收，易造成部分地膜被土翻压覆盖。因此该覆膜模式应使用厚度较大、质量较好的地膜。

八、露地蔬菜[①]地膜覆盖技术模式

甘肃省属于温带干旱气候，年平均温度 5~10℃，年均降水量 40~250mm，年蒸发量 2000~3500mm，日照时间长，太阳辐射强。自然和经济优势突出，地区经济特色明显，适于棉花、蔬菜等经济作物生长。但由于地处我国西北干旱区，水是该区最具战略意义的资源，近年来，水资源供需矛盾日益突出。地膜覆盖技术发挥着不可替代的作用（图 2-23），地膜覆盖栽培技术的应用可使蔬菜增产 20%~60%。

图 2-23　西北地区露地蔬菜地膜覆盖技术
2012 年拍摄于甘肃省武威市（拍摄人：杨虎德）

适宜区域：西北地区。

地膜覆盖方式：平膜全覆盖。

地膜铺设方式：人工铺膜。

地膜回收方式：人工回收。

地膜覆盖周期：120 天。

地膜规格：地膜厚度 0.008mm，地膜幅宽 70cm。

地膜颜色：白色地膜。

地膜用量及覆盖比例：地膜用量 37kg/hm² 或 75kg/hm²，覆盖比例约 75%或 100%。

操作规程：春白菜一般在 3 月上旬当气温稳定通过 10~13℃时播种，或 5 月中旬当气温稳定通过 22℃时播种；秋白菜一般在 9 月上旬播种。早熟品种保苗 480 000 株/hm²，中晚熟品种保苗 34 500~360 000 株/hm²，膜上种两行，行距 50cm，株距 50cm，每穴 3~4 粒种子。氮肥 10%作底肥，45%在莲座期追施，45%在结球期追施，磷肥、有机肥作底肥一次性施入。

---

① 本节指叶菜

第六节　西　南　地　区

　　西南地区属亚热带季风气候，降水较多。但由于地理位置和海拔的变化，其微气候各不相同。例如，重庆地区四季雨水均较充沛，尤其是夏季、秋季降水量较大；而云南、四川部分地区却有干旱河谷，如汶川、元谋等属于干热河谷地。降水持续时间的长短也因时因地而有所不同。玉米、麦类、水稻、马铃薯及油菜等作物是传统种植的粮油作物，烤烟、花生、甘蔗、向日葵等作物是传统种植的经济作物，蔬菜适应面积广且种植面积大。2012 年，西南地区地膜覆盖面积为 246 万 hm^2，其中玉米占 47%、蔬菜占 30%、烤烟占 21%、其他作物占 2%。

一、玉米地膜覆盖技术模式

　　玉米是南方山地主要的粮食作物，尤其在云南山区，玉米是最主要的饲料作物，也是山区农民重要的经济来源，玉米种植主要是采用地膜覆盖技术（图 2-24）。玉米地膜主要有黑膜和白膜两种，厚度一般在 0.005～0.008mm，膜宽 80cm，玉米覆膜时间在 4～5 月。玉米地膜覆盖栽培具有明显的增湿、保墒、保肥、保全苗、抑制杂草生长、减少虫害、促进玉米生长发育、早熟、增产的作用。

图 2-24　西南地区玉米地膜覆盖技术
2011 年 5 月拍摄于云南省丽江市古城区金山乡（拍摄人：康平德）

　　适宜区域：西南冷凉山区。
　　地膜覆盖方式：采用宽窄行地膜起垄覆盖。
　　地膜铺设方式：人工铺设。
　　地膜回收方式：玉米收获后人工回收。
　　地膜覆盖周期：160～180 天。

地膜规格：地膜厚度 0.005～0.008mm，地膜幅宽 80cm。

地膜颜色：白色和黑色。

地膜用量及覆盖比例：地膜用量 22～37kg/hm²，覆盖比例 65%～70%。

操作规程：①精细整地，将前茬、残留根茬、秸秆、石块等杂物清除干净；②人工或机械起垄开沟，宽窄行播种，大行距 60cm，小行距 40cm，垄高 15cm；③先盖膜后打穴播种，采用顺风播种，穴播，每穴播三粒种，种双行留双苗，株距 35cm，浇水后覆土盖严。盖膜一定要严密，将地膜拉紧、铺平、铺匀，膜的四周各开一条浅沟，把地膜用土压紧、压严，以防大风揭膜。但膜边压土不宜过多，以最大限度地保持膜面宽度，扩大采光面，做到严、紧、平、宽的要求。

技术模式评价：云南玉米地膜覆盖主要应用在云南高海拔冷凉山区，地膜覆盖措施主要是为了增加土壤积温，同时夏玉米播种时期为云南的干旱季节，地膜覆盖措施能有效促进玉米苗期抗旱保墒。玉米地膜覆盖措施应用区域交通不便、机械化程度低，加之农民对地膜的回收利用意识淡薄，造成地膜残留量相对较高。

二、烤烟地膜覆盖技术模式

烤烟是西南地区主要的经济作物，尤其是在云南，烤烟是农民主要的经济来源，烤烟覆盖措施以宽幅起垄覆盖为主（图 2-25）。烤烟地膜主要有黑膜（可防治

图 2-25　西南地区烤烟地膜覆盖技术

2012 年 6 月、2013 年 4 月拍摄于云南省曲靖市（拍摄人：鲁耀、王炽）

杂草）和白膜两种，地膜厚度 0.004～0.006mm，主要覆膜时间为每年 4 月底到 9 月，由于各个地方的地膜覆盖作用不同，其覆膜周期也不一样。烤烟覆膜大致可分为三类：①在低海拔地区用于苗期保水抗旱，团棵期后进行揭膜；②在高海拔地区用于增加土壤积温，整个烤烟生长周期不揭膜；③在部分地区用于苗期保水抗旱和增加土壤积温，整个烤烟生长期间不揭膜。

适宜区域：西南地区烤烟种植区域。

地膜覆盖方式：宽幅起垄覆盖。

地膜铺设方式：人工铺设。

地膜回收方式：人工回收。

地膜覆盖周期：60 天或 150 天。

地膜规格：地膜厚度 0.004～0.006mm，地膜幅宽 110～120cm。

地膜颜色：白色和黑色。

地膜用量及覆盖比例：地膜用量 50～75kg/hm^2，覆盖比例约 75%。

操作规程：①土地深耕翻犁平整后，用人工或者机械起垄，垄宽 120cm，垄高约 30cm。②然后在垄上采用人工进行打塘作业，塘深度约 20cm，呈灯盏形状（当地俗称"灯盏塘"，有利于浇水灌根），每塘浇灌 3～5kg 水后适时移栽烟苗。③烟苗移栽后进行覆膜，适时破膜培土。

技术模式评价：由于烤烟移栽时干旱少雨，烤烟移栽期和苗期保持土壤水分是保证烤烟正常生长的关键，通过在"灯盏塘"内灌足水分，然后覆盖地膜，减少土壤水分的蒸发，能有效解决烤烟苗期干旱问题。同时烤烟覆膜不仅能有效解决烤烟苗期缺水问题，还能有效提高土壤有效积温，烤烟移栽期可提前 15～20 天，有效提高烟叶品质。

三、露地蔬菜地膜覆盖技术模式

云南蔬菜种植区域多为田改蔬菜地，地处亚热带高原性季风气候区，年平均气温 13～20℃，年均降水量 1100mm，常年温暖、四季如春，适合露地蔬菜的生长。露地蔬菜年平均复种指数为 3，轮作模式以蔬菜-蔬菜-蔬菜为主，随着蔬菜育苗技术的发展，菜籽直播逐步向菜苗移栽转变，使得露地蔬菜复种指数逐渐增加。当地虽然雨量充沛，但是干湿季分明，所以在每年 10 月到次年 5 月时段，土壤水分明显不足，蔬菜地膜覆盖技术发挥着不可替代的作用（图 2-26）。露地蔬菜主要覆膜时间为每年 10 月到次年 5 月，该时间段内可以种植两茬露地蔬菜。露地蔬菜覆膜的作用主要是保水抗旱和防治杂草。

适宜区域：西南地区露地蔬菜种植区域。

地膜覆盖方式：宽幅起垄覆盖。

图 2-26　西南地区露地蔬菜地膜覆盖技术

2011 年 10 月拍摄于云南省大理市下关镇大庄村（拍摄人：杨友仁）

地膜铺设方式：人工铺设。

地膜回收方式：人工回收。

地膜覆盖周期：90～120 天。

地膜规格：地膜厚度 0.008mm，地膜幅宽 200cm。

地膜颜色：白色和黑色。

地膜用量及覆盖比例：地膜用量 60～90kg/hm²，覆盖比例约 75%。

操作规程：①施足底肥，精细整地。底肥（有机肥和磷肥）一次性施入。将残留根茬、秸秆、石块、残膜等杂物清除干净；深翻碎土，平田整地，拉线开墒，做到墒平、土细、沟直。②规范墒面，精选薄膜。以 210～220cm 开墒，墒面宽170～180cm，沟宽 30～40cm，沟深 20～25cm；地膜以宽度 200cm、厚度 0.008mm覆盖为主。③地膜铺设。将地膜拉紧、铺平、铺匀，地膜的四周用土把地膜压紧、压严，以防大风揭膜。④播种盖膜或移栽盖膜。播种盖膜，先打孔、浇水，然后打塘播种、盖土，最后盖膜；移栽盖膜，先盖膜后打洞，然后移栽、浇水，每塘移栽 1 株，浇水后覆土压实。⑤地膜回收方式。人工捡拾回收，挖田时再捡出残留在土壤中的地膜。

技术模式评价：云南露地蔬菜地膜覆盖主要是用于春秋两季蔬菜，由于春秋两季作物种植期间是云南的干旱、低温季节，地膜覆盖措施能有效保持土壤水分和增加土壤积温。虽然春秋两季为云南的低温季节，但是在作物生长周期内平均气温也能保持在 10℃以上，且温差较小，地膜覆盖周期为 90～120 天，地膜不容易老化，蔬菜收割后地膜回收率高，通常回收率达到 98%以上。

第七节　中 南 地 区

中南地区包括湖南、湖北、广东、广西及海南，夏季高温多雨，冬季温和少雨。其中热带季风气候区为全年高温，降水量在 800mm 以上，山地迎风坡降水较多，东部沿海地区夏秋季节受台风影响大。水稻、玉米和麦类是该地区传统的粮食作物，花生、棉花及甘蔗是传统的经济作物，露地蔬菜种植面积较大。2012 年，中南地区地膜覆盖面积 350 万 hm²，其中蔬菜覆膜面积占 45%，甘蔗覆膜面积占 20%，玉米覆膜面积占 18%，棉花覆膜面积占 6%，花生覆膜面积占 3%，其他作物覆膜面积占 8%。

一、花生地膜覆盖技术模式

花生是广东地区重要的经济作物，播种面积约 500 万亩，主要分布在粤西地区如电白区、廉江市、雷州市、阳春市、遂溪县等，粤北的英德市、仁化县和南雄市也有一定的种植规模，花生是当地农民重要的经济来源。近年来，花生地膜覆盖种植技术的应用面积在广东逐年增加，推广迅速（图 2-27）。

图 2-27　中南地区花生地膜覆盖技术
2014 年 4 月拍摄于广东省仁化县董塘镇（拍摄人：曾招兵）

适宜区域：中南地区。

地膜覆盖方式：主要有两种，一种是宽幅起垄覆盖，垄宽（包括沟宽度在内）1.5m；另一种是窄幅起垄覆盖，垄宽（包括沟宽度在内）90cm。

地膜铺设方式：人工铺设。

地膜回收方式：基本不回收，少数人工回收。

地膜覆盖周期：120～140 天。

地膜规格：地膜厚度 0.004～0.006mm。

地膜颜色：白色透明地膜。

地膜用量及覆盖比例：宽幅起垄覆盖方式的地膜用量约 60kg/hm²，覆盖比例 80%；窄幅起垄覆盖的地膜用量约 50kg/hm²，覆盖比例 67%。

操作规程：①土地深耕翻犁，结合基肥耙细、耧平后，用人工或者机械起垄，垄宽120cm或60cm，垄高30cm。②人工或机械点播花生种子。③人工铺设地膜，地膜幅宽大于垄面，覆膜时将膜展平、拉紧，薄膜与畦面贴合紧密，四周用土压严实，畦面上每隔2～3m掩压一溜土，以防大风揭膜。④开孔放苗。花生顶土鼓膜时，及时开孔放苗，开孔后随即在膜孔上盖一层3～5cm厚的湿土，轻轻压紧，起到封膜孔、增温保墒的效果。⑤收获后清理地膜，一般是人工回收，部分地区在种植下茬晚稻时用旋耕机直接粉碎翻入土壤。

技术模式评价：花生地膜覆盖种植技术的作用可概括为"三保"和"两防"，即保温、保墒、保肥和防涝、防草，不仅能增加花生产量，还能节约肥料，以及减少除草等人工成本，效益十分显著。但目前，该模式所使用的地膜普遍较薄，再加上农民的环保意识较差，普遍存在土壤地膜残留较多的问题，据调查，有的地块残膜量高达40.80kg/hm^2。

二、甘蔗地膜覆盖技术模式

甘蔗生产在广西国民经济中占有非常重要的地位，甘蔗产量的丰歉和效益的高低直接影响到蔗农的收入与当地农村经济的发展。2004年，广西甘蔗种植面积1622万亩，蔗糖产量占全国的2/3。广西以热带、亚热带季风气候为主，夏季高温多雨、冬季温和少雨。田间杂草具有再生能力强、生长速度快等特点，严重影响甘蔗幼苗的生长。早在20世纪90年代初，在新植甘蔗上大力推广地膜覆盖措施来抑制杂草，保证甘蔗在苗期的正常生长，同时在容易受冻害的地区，也有部分群众在甘蔗收获后，清理蔗叶、覆盖地膜确保宿根蔗安全过冬。甘蔗地膜主要是白色透明地膜（图2-28），地膜厚度一般在0.006～0.010mm，膜宽45～50cm，甘蔗覆膜时间为定植期。甘蔗地膜覆盖栽培具有明显的增温、

图2-28　中南地区甘蔗地膜覆盖技术
2012年1月拍摄于广西壮族自治区崇左市扶绥县（拍摄人：周柳强）

保墒、保肥、保全苗、抑制杂草生长、减少虫害、促进甘蔗生长发育、增加有效茎数等作用。

　　适宜区域：中南热带及亚热带地区。

　　地膜覆盖方式：窄行低沟地膜覆盖。

　　地膜铺设方式：人工铺设。

　　地膜回收方式：一般不回收。

　　地膜覆盖周期：60～100 天。

　　地膜规格：地膜厚度 0.006～0.010mm，地膜幅宽 45～50cm。

　　地膜颜色：以白色透明地膜为主，其他地膜为辅。

　　地膜用量及覆盖比例：地膜用量 31～45kg/hm^2，覆盖比例 45%～55%。

　　操作规程：①整地。用大马力拖拉机一犁二耙，耕层土壤充分打碎、耙匀。②开沟。机械开行沟，行宽 90～120cm、沟宽＞40cm、沟深＞25cm、沟底宽＞7cm。③扦插。沟底条施基肥，用薄土盖肥，再摆蔗种，双行品字形摆种，蔗芽向两侧平摆，每米下种芽数要保证达 5～6 个双芽节。④灌溉及防病。人工覆 5cm 左右的薄土，在播种行间淋定植水，土壤稍干后，用除草剂均匀喷洒到土面，达到湿润防草的效果。⑤铺膜。选用厚度为 0.006～0.010mm、宽幅为 45～50cm 的地膜，盖膜前要求土壤持水量在 85%以上，均匀撒施防治地下害虫的颗粒杀虫剂，地膜充分展开并且紧贴种植沟两侧，边缘用碎土压紧、压严，以防大风揭膜。膜边压土不宜过多，保持透光面在 20cm 以上，无通风、漏气现象，从而达到增温保湿的效果。⑥防草作业。盖膜后，再喷除草剂对种植行间未盖膜部分进行封行处理，喷药量要比种植行略大。

　　技术模式评价：甘蔗地膜覆盖具有显著的保温、保湿等作用，地膜覆盖后形成了一个土壤与薄膜之间的小循环系统，地温可比露地提高 3～5℃。同时，覆膜能有效地增加甘蔗产量，提高甘蔗糖分，有研究表明，新植、宿根甘蔗覆盖地膜的平均每亩增产蔗茎 0.84～1.00t，提高甘蔗糖分 0.61%～0.78%。但是，蔗农多数不回收残膜，"白色污染"比较严重，有的地块地膜残留量竟高达 95.3kg/hm^2。

三、木薯地膜覆盖技术模式

　　木薯是广西除甘蔗外最重要的经济作物，属热带经济作物、生物质能源原料作物，是医药、化工、食品等行业的重要原料，具有广泛的用途。2006 年，广西确立以甘蔗、木薯为主要生物质能源原料农作物，并给予扶持。近年来，广西木薯种植面积不断扩大，2012 年木薯种植面积为 340 余万亩，产量超过 180 万 t，占全国木薯产量的 2/3。由于木薯地膜覆盖具有明显的增温、保墒、保肥、保齐苗、抑制杂草生长、减少虫害、促进木薯生长发育、增加块根数及平均块根重量的作用（图 2-29），因此地膜覆盖在广西被作为木薯种植的关键技术进行推广。目前，木薯地膜以白膜和黑膜为主，厚度通常为 0.008～0.010mm，膜宽 140～160cm，覆盖时间为定植期（2～6 月或全生育期不揭膜）。

图 2-29　中南地区木薯地膜覆盖技术
2005 年 3 月拍摄于广西壮族自治区南宁市武鸣县（拍摄人：周柳强）

适宜区域：中南热带及亚热带地区。

地膜覆盖方式：宽行起畦地膜覆盖。

地膜铺设方式：人工铺设。

地膜回收方式：一般不回收，部分地区在木薯施块根膨大肥前人工回收。

地膜覆盖周期：2～6 月，80～120 天。

地膜规格：地膜厚度 0.008～0.010mm，地膜幅宽 140～160cm。

地膜颜色：白色或黑色。

地膜用量及覆盖比例：地膜用量 32～52kg/hm^2，覆盖比例 45%～55%。

操作规程：①整地。用大马力拖拉机一犁二耙，充分打匀打碎耕层，整平地面。②施肥。用石灰划行，行间距离为 180～200cm，两行间中部的施肥带（40～50cm）上均匀撒施肥料（可以混合杀灭地下害虫的颗粒杀虫剂）。③作畦。沿石灰线开沟，起畦，畦宽 80～110cm，畦高＞20cm，畦间沟宽 80～120cm，把畦间土覆盖在施肥带上，并整平畦面。④除草。将除草剂均匀喷洒到土面，达到湿润防草的效果。⑤盖膜。选择白色或黑色地膜，幅宽为 140～160cm，紧贴畦面，用土压紧压严膜边，以防大风掀膜。⑥种植。将种茎切段，每段长度为 20～30cm，切口为斜面，用杀菌剂浸泡处理已切好的种茎 1～2h，稍晾干后把种茎沿畦面两边刺破地膜斜插入畦土内，保留种茎露出薄膜外 3～5cm，株距 60～80cm。⑦相关配套措施。畦沟可套种 2～3 行花生或大豆，若不套种作物，可喷除草剂进行封行处理，喷药量要比种植畦内略大。

技术模式评价：该覆膜模式可提高木薯出苗率，促进植株增高增粗，极显著地提高产量，一般可增产 20%～30%。但由于农民环保意识薄弱，普遍不回收残膜，再加上使用的地膜普遍较薄，不容易回收，因此容易造成土壤污染。

四、棉花地膜覆盖技术模式

棉花是湖北省重要的经济作物，高峰期全省植棉面积 700 余万亩，近年种植面积有所减少，但仍约有 200 万亩。棉花地膜覆盖因具有促进棉花生育进程、提高霜前皮棉的产量等优点，深受棉农的喜爱（图 2-30），是湖北省棉花重要的种植方式之一。

图 2-30　中南地区棉花地膜覆盖技术
2013 年拍摄于湖北省浠水县（拍摄人：高立）

适宜区域：南方平原和丘陵岗地地区。

地膜覆盖方式：高垄覆盖和平膜覆盖两种，南方平原棉区以高垄覆盖为宜，丘陵岗地棉田则以平膜覆盖为好。

地膜铺设方式：机械铺设或人工铺设。

地膜回收方式：不回收。

地膜覆盖周期：60～240 天。

地膜规格：地膜厚度 0.004～0.008mm；地膜幅宽 160cm。

地膜颜色：白色地膜。

地膜用量及覆盖比例：地膜用量 22～86kg/hm^2，覆盖比例根据棉花预留行的宽度而定，多为 33.3%。

操作规程：①棉田深耕整地，土壤要求细碎疏松，保证盖膜质量，防止大风揭膜。如果要起垄，垄条要直、垄面要平滑，垄宽 150cm，垄高约 30cm。②播种前一定要浇足底墒水，要求 0～20cm 土层含水量达到田间最大持水量的 70%～75%。③盖膜前用乙草胺、丁草胺等除草剂进行表土喷洒，防止膜下杂草生长。④盖膜时，要把膜拉紧、铺平，紧贴地面，薄膜四边埋压 7～10cm，膜面每隔 3～4m 压一个小土埂，以防大风揭膜。⑤适时破孔放苗，晴天高温时，应及时放苗，防止膜下高温烧苗。可先用小棍在膜下打小孔通气降温，以减缓烧苗现象。在穴播的棉田，要用竹棍将膜破开，其口径以 4～5cm 为宜。在条播的棉田，将棉苗顶上的地膜破开一条长口，棉苗拱出。放苗后，随即用湿土封严膜孔，以免跑墒跑热。⑥适时揭膜、中耕培土。6 月下旬以后，地膜棉花进入盛蕾初花期，这时气温已达 25℃以上，并且雨季来临，地膜的增温保墒作用已不明显，应及时揭膜。揭膜后，随即追肥浇水，结合进行中耕培土，促进新根下扎，防止后期倒伏。

技术模式评价：棉花地膜覆盖具有保墒、促进棉花生育进程、提高霜前皮棉的产量、改善产量结构等优点。据统计，棉花地膜覆盖一般比非地膜覆盖要增产 25%～40%，投入产出比高，经济效益比较显著。但目前，湖北地膜棉花种植中地膜普遍较薄，且农民大多不主动回收，土壤中地膜残留比较普遍。

五、草莓地膜覆盖技术模式

草莓又称红莓、洋莓、地莓等，外观呈心形，鲜美红嫩，果肉多汁，含有特殊、浓郁的水果芳香。草莓营养价值高，含丰富的维生素 C，有帮助消化的功效，与此同时，草莓还可以巩固齿龈、清新口气、润泽喉部。草莓主要采用大棚地膜覆盖的方式种植（图 2-31），主要用黑膜进行覆盖，厚度一般在 0.005～0.008mm，膜宽 80cm，草莓覆膜时间在 10 月中下旬。

适宜区域：湘北、湘东地区。

地膜覆盖方式：采用宽窄行地膜起垄覆盖。

地膜铺设方式：人工铺设。

地膜回收方式：人工回收。

地膜覆盖周期：240～270 天。

地膜规格：地膜厚度 0.005～0.008mm，地膜幅宽 80cm。

图 2-31　中南地区草莓地膜覆盖技术

2013 年 3 月拍摄于湖南省长沙市湖南农业大学草莓种植基地（拍摄人：朱坚）

地膜颜色：黑色地膜。

地膜用量及覆盖比例：地膜用量 52~97kg/hm², 覆盖比例 65%~70%。

操作规程：①精细整地，将前茬、残留根茬、秸秆、石块等杂物清除干净；②人工或机械起垄开沟，宽窄行播种，大行距 60cm，小行距 40cm，垄高 15cm；③草莓基本上全部活棵，且初步完成除草松土及培根、补苗工作后，将黑色地膜覆在垄面植株上，摸到苗株的地方将地膜撕开一小孔，然后小心地掏出叶片，注意一定要把苗株的中心叶片露出，四周老叶在地膜上压住地膜孔的边缘，使其紧贴地面。

技术模式评价：草莓黑色地膜覆盖种植模式可以保持土壤水分，抑制杂草滋生，降低大棚内的空气温度，还可以隔绝草莓果实与土壤的接触，以减少病害，保持果实色泽鲜艳、清洁卫生。但因生产中使用的地膜较薄，该覆膜模式也容易造成土壤地膜污染，湖南省的调查表明，地膜覆盖草莓土壤中地膜残留量平均高达 51.42kg/hm²。

六、露地蔬菜[①]地膜覆盖技术模式

湖南属于大陆性中亚热带季风湿润气候，光、热、水资源丰富，且三者的高值又基本同步。全省 4~10 月总辐射量占全年总辐射量的 70%~76%，降水量则占全年总降水量的 68%~84%。四季气候变化较大，冬寒冷而夏酷热，春温多变，秋温陡降，春夏多雨，秋冬干旱。露地蔬菜一般种植 2~3 茬，蔬菜种植模式主要有：黄瓜-四季豆、茄子-叶菜-大蒜、辣椒-叶菜等。湖南露地蔬菜采用地膜覆盖种植比较普遍（图 2-32），常用地膜厚度为 0.004~0.006mm，以幅宽 180~240cm 覆盖为主。

————————————

① 本节指叶菜

图 2-32　中南地区露地蔬菜地膜覆盖技术
2013 年 4 月拍摄于湖南省长沙县黄兴镇（拍摄人：朱坚）

适宜区域：湘西北地区。

地膜覆盖方式：宽幅起垄覆盖。

地膜铺设方式：人工铺设。

地膜回收方式：多数不回收，少部分人工回收。

地膜覆盖周期：90～300 天。

地膜规格：地膜厚度 0.004～0.006mm，地膜幅宽 180～240cm。

地膜颜色：白色和黑色。

地膜用量及覆盖比例：地膜用量 61～85kg/hm^2，覆盖比例约 90%。

操作规程：①精细整地，将前茬、残留根茬、秸秆、石块等杂物清除干净；②人工或机械起垄开沟，宽窄行播种/移栽，垄宽 20～80cm，垄高 10～15cm，沟宽 20～40cm；③覆膜，有播种后覆膜和覆膜后移栽两种覆膜（白色或黑色）方式，将 180～240cm 的地膜充分展开并且紧贴垄面延伸到沟底，边缘和垄面压紧、压严，以防大风揭膜。

技术模式评价：该覆膜模式具有保水、保肥、提高土温，减轻病虫和杂草危害的作用，同时还有促进蔬菜早熟高产、优质高效的作用。但由于生产上普遍使用的地膜较薄，不利于回收，因此该模式导致的土壤残膜污染不容忽视，有的地块残膜量高达 72.15kg/hm^2。

七、南瓜地膜覆盖技术模式

南瓜甘甜适口、营养丰富，是很好的保健食品。南瓜是湖北省重要的经济作物之一，特别是湖北省嘉鱼县"两瓜两菜"种植模式中的主栽蔬菜品种，是当地农民经济来源的主要渠道之一。湖北省嘉鱼县南瓜栽培模式主要是露天起垄覆膜种植（图 2-33），地膜以白膜为主，地膜厚度为 0.004～0.006mm，多使用厚度 0.004mm，主要覆盖时间为每年 3 月中旬到 8 月中旬，即整个南瓜生长期间不揭膜。

图 2-33 中南地区南瓜地膜覆盖技术
2014 年拍摄于湖北省嘉鱼县（拍摄人：高亮）

适宜区域：南方地区。

地膜覆盖方式：宽幅起垄覆盖。

地膜铺设方式：人工铺设。

地膜回收方式：不回收。

地膜覆盖周期：整个生育期不揭膜。

地膜规格：地膜厚度 0.004～0.006mm，地膜幅宽 400cm。

地膜颜色：白色地膜。

地膜用量及覆盖比例：地膜用量 9～15kg/hm^2，覆盖比例 12.5%～20%。

操作规程：①土壤施肥后深耕翻犁，用人工或机械起垄，垄宽 50cm，垄高 30cm；②起垄后，人工覆膜，膜四周用泥土压实；③破膜移栽南瓜，破膜处用细泥土封实，每棵南瓜移栽后浇定根水 0.5kg 左右。

技术模式评价：南瓜覆膜可起到早春增温、干旱期保墒、抑制部分杂草生长等作用，同时能较不覆膜早上市 15～20 天，但目前南瓜生产中所使用的地膜多为 0.004mm 厚度，不易回收，且农民也不主动回收，因而南瓜地膜覆盖种植模式普遍存在土壤地膜残留的情况，在湖北省嘉鱼县的调查表明，南瓜地膜覆盖土壤中地膜残留量平均为 12.04kg/hm^2，有的地块高达 18.53kg/hm^2。

参 考 文 献

安瞳昕, 贺佳, 杨友琼, 等. 2014. 坡耕地甜玉米地膜覆盖间作模式水土保持效应[J]. 水土保持通报, 34 (1): 31-33.

蔡金洲, 张富林, 黄敏, 等. 2013. 湖北省典型区域地膜使用与残留现状分析[J]. 湖北农业科学, 52(11): 2500-2504.

陈明金, 王良军. 2002. 地膜花生配晚杂高效栽培模式的效应与技术[J]. 湖北农业科学, 41(4): 41-42.

陈明周. 2009. 甘蔗光降解地膜在湛江蔗区的推广模式及效果研究[J]. 广东农业科学, 36(12): 35-36, 48.

陈其鲜, 王本辉, 刘路平, 等. 2016. 西北旱作大豆田不同地膜覆盖模式保墒增温增产效应研究[J]. 大豆科学, 35(1): 58-63.

韩保全, 梁志刚, 任春平, 等. 2000. 冬小麦地膜覆盖模式播期密度研究[J]. 小麦研究, 21(1): 14-16, 20.

蒋玉梅, 于琴芝, 赵桂兰, 等. 2017. 早春番茄—夏西瓜—秋菜豆地膜插架多茬连用高效栽培模式[J]. 中国蔬菜, (8): 98-100.

蓝晓军. 2009. 杂交棉—洋葱地膜覆盖套种模式的栽培学原理及配套管理技术[J]. 中国农村小康科技, (5): 41-42.

李鹏程, 覃孟超, 蒋昌茂, 等. 2016. 高山白萝卜—甜玉米地膜覆盖间作模式栽培试验[J]. 长江蔬菜, (20): 54-56.

李志平, 杨夏平. 2004. 地膜覆盖技术在粮食作物上的推广和发展[J]. 内蒙古农业科技, 32(S1): 120-121.

刘长庆, 王琦, 李传华, 等. 2010. 马铃薯田地膜残留特点研究[J]. 山东农业科学, 42(4): 79-80.

罗桂珍. 2008. 石羊河流域的节水增收新模式——前茬免秋耕冬灌及全地膜覆盖栽培玉米的应用分析[J]. 甘肃科技, 24(18): 167-168.

罗贤华. 2017. 地膜玉米套种地膜辣椒高效栽培模式简析[J]. 南方农业, 11(32): 8, 10.

马忠邦, 高树财, 夏尚有. 2019. 酒泉市肃州区芦笋地膜覆盖间作套种栽培技术模式研究初报[J]. 农业科技与信息, (2): 16-18.

毛正云. 2010. 陇西县玉米地膜覆盖优化模式试验研究[J]. 农业科技通讯, (8): 95-97.

平全荣, 李季堂, 郭陆平, 等. 2008. 旱地秸秆沟埋(沟覆)加地膜覆盖聚肥蓄水技术模式的研究与探讨[J]. 中国农技推广, 24(5): 29-30.

申爱民, 赵香梅. 2010. 商丘地区地膜覆盖春早熟马铃薯套种辣椒栽培模式[J]. 农业科技通讯, (11): 71, 166.

孙水全. 2012. 粮食中产向高产跨越的途径——小麦地膜覆盖技术[J]. 河北农机, (3): 72-73.

王安, 吴薇, 谢吉先, 等. 2016. 地膜覆盖模式下芋头疫病发生规律及其与产量的关系[J]. 江苏农业科学, 44(6): 193-196.

王海滨, 刘丽青, 赵建成, 等. 2016. 玉米一穴双株地膜覆盖高产栽培技术模式[J]. 农业技术与装备, (10): 44-46.

王俊鹏, 历艳璐, 魏洪磊, 等. 2019. 高寒区玉米地膜覆盖抗逆丰产增效技术模式光热资源利用效率分析[J]. 南方农业, 13(30): 39-41.

王秀芬, 陈百明, 毕继业. 2005. 基于县域的地膜覆盖粮食增产潜力分析[J]. 农业工程学报, 21(11): 146-149.

王艳霞, 胡浩玲. 2013. 双覆盖西瓜—地膜棉花—露地花生一体化栽培模式[J]. 中国农技推广, (4): 33-35.

王占友. 2010. 蔬菜反季节地膜覆盖栽培模式[J]. 吉林蔬菜, (2): 43.

吴天明. 2006. 地膜花生‖朝天椒‖越冬花椰菜一年三熟立体种植模式[J]. 中国农技推广, 22(1): 36-37.

严昌荣, 刘恩科, 舒帆, 等. 2014. 我国地膜覆盖和残留污染特点与防控技术[J]. 农业资源与环境学报, 31(2): 95-102.

杨桂兰, 袁斌会, 孙薇薇. 2017. "深松+宽窄行种植+地膜覆盖"技术模式的春玉米水分生产力和经济效益分析[J]. 陕西农业科学, 63(6): 59-62.

杨晓芳. 2014. 屯留县春播玉米地膜覆盖高产高效种植模式[J]. 中国种业, (3): 85-86.

岳振平, 张雪平, 靳艳革, 等. 2008. 地膜大蒜—夏黄瓜—秋萝卜高效栽培模式[J]. 西北园艺(蔬菜专刊), (6): 23-24.

张富林, 蔡金洲, 范先鹏, 等. 2014. 地膜南瓜适宜覆膜厚度初步研究[J]. 湖北农业科学, 53(23): 5755-5757.

张丽君, 胡建风, 樊艳, 等. 2013. 毕节市粮食作物地膜覆盖推广现状、问题及对策[J]. 耕作与栽培, (6): 46-47.

张美英, 吴美荣, 晋宗道. 2001. 小麦地膜覆盖栽培技术的研究与应用[J]. 西南农业学报, 14(3): 33-38.

郑光辉, 李令伟, 孟晓英, 等. 2009. 春播马铃薯地膜覆盖施肥模式及最佳配方的研究[J]. 山东农业科学, 41(5): 93-94.

周伟, 王宏, 李志峰, 等. 2010. 大力推广地膜覆盖栽培技术, 促进内蒙古粮食生产发展[J]. 内蒙古农业科技, 38(1): 13-15.

第三章　农田地膜残留监测和计算及评价方法

我国地膜覆盖作物种类众多，地膜用途多样，覆膜措施、覆膜方式、覆膜时期、覆膜周期以及地膜规格复杂，导致地膜残留强度分布存在较大的空间差异性，而全面获取涵盖所有覆膜类型、覆膜作物的地膜残留数据需要大量的财力、物力和人力。为确保调查工作质量、提高工作效率，中国农业科学院农业资源与农业区划研究所组织有关省份农业科研院校、农业环境保护监测站等单位，依托第一次全国污染源普查项目、2010年度公益性行业（农业）科研专项，统一制定地膜残留监测方案和技术规程，有序推进全国农田地膜残留监测工作。本章对我国农田地膜残留监测和计算及评价方法进行了阐述。

第一节　地膜残留监测方法

一、地膜残留强度监测方法

调查范围包括黑龙江、辽宁、吉林、内蒙古、河北、河南、北京、天津、山东、山西、江西、安徽、江苏、浙江、福建、湖南、湖北、广东、广西、海南、云南、四川、贵州、重庆、陕西、甘肃、青海、宁夏及新疆等29个省份。调查作物以玉米、马铃薯、棉花、花生、烤烟等传统覆膜的经济、粮食、蔬菜及油料作物等为主，同时覆盖了木薯、甘蔗、果树及部分花卉作物。调查布点总体以区域为单元，遵循以下原则。

1）区域监测点数量确定原则：以区域内的重点覆膜作物为主，全面涵盖其他覆膜作物。

2）某区域内某种覆膜作物监测点的数量确定原则：以区域内某种作物的覆膜面积确定监测点的数量，覆膜面积越大，监测点数量越多。

3）区域监测具有典型性和代表性，以覆膜年限为主，兼顾最长及最短覆膜年限。

4）以区域主要地膜回收方式为主，兼顾地膜是否会回收、回收方式、回收时间。

5）以区域主要耕地经营模式为主，兼顾经营规模、经营方式。

6）以区域主要的土壤类型为主，兼顾其他土壤类型。

（一）调查点布置

在我国 29 个省份共布置 720 个试验点，覆盖全国主要的地膜应用地区，涉及棉花、玉米、花生、烤烟、蔬菜等多种作物。根据地理位置和气候特征将试验点分为 6 个区域，分别是西北地区（286 个）、华北地区（110 个）、东北地区（85 个）、西南地区（108 个）、中南地区（57 个）、华东地区（74 个）。

其中新疆和甘肃是我国地膜用量较大的区域，在此次的调查研究中调查样本所占的比重也较大。在新疆布置调查点 135 个，覆盖 2 种主要覆膜作物——棉花和加工番茄，其中棉花调查点 111 个，番茄调查点 24 个。在甘肃布置调查点 86 个，覆盖玉米、棉花、马铃薯①、蔬菜、向日葵、花卉等主要覆膜作物，其对应的调查点分别为 33 个、9 个、3 个、27 个、10 个、4 个。

（二）田间监测方法

1. 调查田块及样方选择

为了保证调查数据的准确性和代表性，在当地主要地膜覆盖区域，选择种植面积较大、地力均匀的地块作为调查对象，在取样前完成地块的覆膜年限、覆膜作物、覆膜用量、覆膜比例、覆膜规格、地膜覆盖时间及栽培等相关信息的调查（表 3-1～表 3-4）。根据监测地块面积大小、形状等因素，可在对角线法、梅花点法、横线法及蛇形线法等方法中选择合适方法确定 5 个样方（采样方法见图 3-1），样方规格为 200cm×100cm，用铁锹修出边界之后，按照挖掘样方、土壤过筛、室外分拣、室内分拣、清洗及称量等环节依次进行，关键环节的具体操作见图 3-2。

2. 过筛

选取孔径为 5mm、固定面积为 1m×1m 的筛子；采样深度为 30cm，其中 0～20cm 土样必须分别过筛，20～30cm 土样先用铁锹翻找，如果没有发现残膜存在，则不用过筛，若有发现，则必须过筛筛分。

3. 室内检测

（1）粗拣

由于野外采样时需尽量减少野外作业时间，因此除将残膜捡回外，也会在地膜上附带或混入其他残留物，其中包括土壤颗粒、植物根须、废弃塑料、其他垃圾等。但为了不影响实验室内的统计分析与清洗工作，带回实验室后，需将植物根须、废弃塑料、其他垃圾等尽量挑拣干净。对于土壤颗粒，在不破坏残膜的前提下尽量将土块、湿土抖落，以待清洗。

---

① 此处指粮食作物

表 3-1 地膜残留污染调查地块的基本信息   地块编号_____

1.户主	2.地址			

省（自治区、直辖市）_____ 市（地、州、盟）_____ 县（市、区、旗）_____ 乡（镇）_____ 村

3.农户电话	4.地块面积 _____亩	5.距村庄 ①≤1km ②1~2km ③>2km	6.土壤质地 ①砂 ②壤 ③黏
7.地块经度 ___°___'___"	8.地块纬度 ___°___'___"	9.灌溉条件 ①有 ②无	
10.覆膜作物 ① ②	11.主要种植模式		

该地块地膜使用历史

12.最早使用地膜时间 ___年	13.覆膜年限 ___年	14.覆膜作物带宽 ___cm	15.裸露农田带宽 ___cm
16.覆膜比例 ___%	17.常用地膜厚度 ___mm	18.年平均地膜使用量 ___kg/亩	
19.是否回收地膜 ①是 ②否	20.回收方式 ①人工捡拾 ②机械回收	21.年平均地膜回收量 ___kg/亩	

各样方地膜残留状况

	第 1 个样方	第 2 个样方	第 3 个样方	第 4 个样方	第 5 个样方
0~20cm 残膜重量/g					
20~30cm 残膜重量/g					

调查人姓名_____ 联系电话_____ 调查时间____年____月____日

表 3-2 地膜厚度对地膜残留污染影响试验地块的基本信息

地块编号 _____

1.户主	2.地址 ____省(自治区、直辖市)____市(地、州、盟)____县(市、区、旗)____乡(镇)____村		
3.农户电话	4.地块面积 ____亩	5.距村庄 ①≤1km ②1~2km ③>2km	6.土壤质地 ①砂 ②壤 ③黏
7.地块经度 ____°____′____″	8.地块纬度 ____°____′____″	9.灌溉条件 ①有 ②无	
10.覆膜作物 ① ____ ② ____	11.主要种植模式		
该地块地膜使用历史	12.最早使用地膜时间 ____年	13.覆膜年限 ____年	14.覆膜作物带宽 ____cm	15.裸露农田带宽 ____cm
	16.覆膜比例 ____%	17.常用地膜厚度 ____mm	18.年平均地膜使用量 ____kg/亩
	19.是否回收地膜 ①是 ②否	20.回收方式 ①人工捡拾 ②机械回收	21.年平均地膜回收量 ____kg/亩

表 3-3 年度地膜使用与回收情况

1.第 1 季作物		2.播/移栽期	月 旬	3.收获日期	月 旬
4.作物产量	kg/亩	5.是否覆盖地膜	①是 ②否	6.地膜厚度	mm
7.地膜用量	kg/亩	8.覆盖比例	%	9.覆膜时间	月 旬
10.揭膜时间	月 旬	11.地膜回收量	kg/亩	12.第 2 季作物	
13.播/移栽期	月 旬	14.收获日期	月 旬	15.作物产量	kg/亩
16.是否覆盖地膜	①是 ②否	17.地膜厚度	mm	18.地膜用量	kg/亩
19.覆盖比例	%	20.覆膜时间	月 旬	21.揭膜时间	月 旬
22.地膜回收量	kg/亩	23.第 3 季作物		24.播/移栽期	月 旬
25.收获日期	月 旬	26.作物产量	kg/亩	27.是否覆盖地膜	①是 ②否
28.地膜厚度	mm	29.地膜用量	kg/亩	30.覆盖比例	%
31.覆膜时间	月 旬	32.揭膜时间	月 旬	33.地膜回收量	kg/亩

注：地膜回收量指人工捡拾地膜的量，需精确至小数点后两位

表 3-4 年春季各样方地膜残留状况

处理	土层与残膜重量	第 1 个点	第 2 个点	第 3 个点	第 4 个点	第 5 个点	第 6 个点
	0～20cm 残膜重量/g						
	20～30cm 残膜重量/g						
	0～20cm 残膜重量/g						
	20～30cm 残膜重量/g						
	0～20cm 残膜重量/g						
	20～30cm 残膜重量/g						
	0～20cm 残膜重量/g						
	20～30cm 残膜重量/g						
	0～20cm 残膜重量/g						
	20～30cm 残膜重量/g						
	0～20cm 残膜重量/g						
	20～30cm 残膜重量/g						

注：本表为地膜污染监测通用表格，地膜污染现状试验点无须填写处理名称；残膜重量需精确至小数点后四位

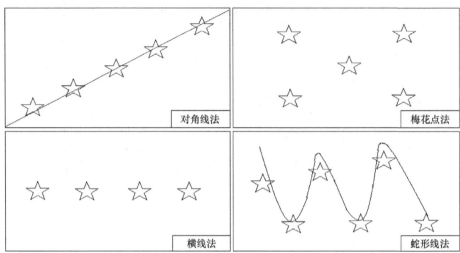

图 3-1　田间采样布点示意图

图 3-2　取样现场关键环节的具体操作

a. 挖掘样方；b. 土壤过筛；c. 室外分拣；d. 室内分拣

（2）细拣

分别以耕层深度（0～20cm、20～30cm）和残膜面积（<4cm²、4～25cm²和>25cm²）为标准进行分类统计，指标为残膜重量（g）、残膜数量（块）、残膜面积（cm²）。其中统计不同面积大小的残膜采用目视比对法估测残膜面积，即用与残膜颜色差异明显且容易辨认的硬纸板，裁出 2cm×2cm（4cm²）和 5cm×5cm（25cm²）的正方形，将残膜与其比对以鉴定残膜面积大小，最后进行统计分析。

4. 清洗

（1）清洗方式

对于残膜的清洗可采用人工清洗和超声波清洗仪清洗两种方式，但人工清洗工作量较大，容易造成操作误差，并且容易将残膜揉搓成团，导致洗净程度不一致，还会影响烘干效果。因此，主要用超声波清洗仪来清洗残膜。

（2）清洗方法

由于残膜不固定，易漂浮于清洗槽内洗涤液表面，降低清洗效果，并且不同采样点的残膜不能同时放入进行清洗，从而增加了清洗时间。将孔径小于 3mm、质地柔软的纱网自制成长约 20cm、宽约 10cm 的网兜（用红色或蓝色的材料，易于与残膜区分），将残膜装入网兜内，系紧袋口，做好标记，放入清洗槽内（清洗前将槽内洗涤液温度调至最佳清洗温度 50～60℃，以加快清洗速度），加适量洗洁精（残膜量少加约 5g，残膜量超过 100g 加约 8g，加入一次洗洁精可清洗 3 次左右），清洗结束后，直接将网兜放在清水中漂洗（至少 3 遍），之后转入纸袋内，做好标记并烘干。

（3）漂洗

将清洗过的残膜（本实验用自封袋内加洗涤水清洗法）自封袋先放净洗涤用的水，再转入网兜内，直接放在水龙头下冲洗约 30s，沥干残留水，放入铺有网纱的盆内展开残膜漂洗一遍，之后移至另一相同盆内再漂洗一遍，沥干残留水，放入纸袋内，做好标记，以待烘干。

5. 细拣与恒重

（1）细拣

由于洗净的残膜中仍掺有未拣干净的植物根须、废弃塑料、其他垃圾等杂物，需将其悉数拣出，首先将残膜小心展开，抖落附于地膜上的杂物，再翻拣检查一遍，然后待确认去除干净后再称重计算。

将 5 个采样点的残膜洗净后，展开细拣其中的杂物：易附着于残膜表面的杂物为颗粒细小的沙粒，柔韧性好且长的各类植物的毛根及硬度较好且粗短的各类植物的根系，难以降解的小的废塑料块，小的固体垃圾块，以及呈块状的难剔除的霉点，其中没有发现土壤颗粒，说明对附着在残膜上的土壤颗粒清洗较彻底。

（2）恒重

65℃条件下 180～210min 可将残膜干燥，继续在 35℃条件下干燥 12h 以上，干燥至恒重。

二、地膜残留系数监测方法

（一）监测点选择

1. 监测地块选择

选择本省份主要覆膜区域的代表性地块作为监测地块。在确定监测地块时，应重点考虑覆膜年限（分为≤5 年、5～10 年、10～20 年、20 年以上）、距离村庄远近（分为≤2km、2～5km、>5km）、覆膜方式（全膜覆盖、半膜覆盖）、回收方式（机械回收、人工捡拾以及不回收）等 4 种因素。

2. 种植制度

各省份根据实际情况，选择 1～2 种主要种植制度作为研究对象。

（二）监测点布置

在 2010 年全国 720 个试验点地膜残留强度监测的基础上，根据覆膜作物的种植制度、覆膜面积、地膜覆盖方式、地膜回收方式等因素，在全国筛选出 335 个监测点（监测点分布具体见表 3-5）进行连续 3 年的监测，全面掌握我国不同区域主要覆膜技术模式的地膜残留系数。同时，对田块的种植作物、覆膜时间、地膜规格、地膜用量和回收方式等进行详细调查与记录（调查记录表见表 3-1～表 3-4）。

表 3-5　全国地膜残留系数监测点

区域	覆膜作物	监测点数量
新疆、宁夏	棉花	50
	加工番茄	20
甘肃、青海、陕西和内蒙古西部地区	马铃薯	20
	玉米	40
北京、天津、山东、河南、河北、山西和安徽	棉花	20
	花生	20
黑龙江、辽宁、吉林和内蒙古东部地区	马铃薯	20
	玉米	15
	花生	15

续表

区域	覆膜作物	监测点数量
湖北、湖南、广西、福建、浙江、江苏和广东	棉花	15
	甘蔗	15
	蔬菜	15
	玉米	15
云南、四川、重庆、贵州、江西、海南	烟草	20
	玉米	20
	蔬菜	15
合计	—	335

（三）监测时间

2011 年，秋季作物收获后开始监测，每年监测 1 次，连续监测 3 年。

（四）采样和监测方法

1. 采样样方

每个监测地块选择 5 个规格为 200cm×100cm（即面积为 2m²）的样方，分 0～20cm、20～30cm 两个土壤层次收集残膜。

2. 土壤残膜强度测定

划定采样样方后，边挖土边清捡残留地膜。首先去除附着在残膜上的杂物，然后带回实验室用超声波清洗仪进行洗涤，洗净后用吸水纸吸干残膜上的水分，小心展开卷曲的残膜，防止残膜破裂，放在干燥处自然阴干，再利用万分之一电子天平称重。

第二节　地膜残留计算和评价方法

一、地膜残留强度计算方法

地膜残留强度指单位农田面积上特定深度土层里残留的地膜量，单位用 kg/hm² 表示。本书中没有特定标注说明的，土壤深度为 0～20cm。监测地块的地膜残留强度采用加权平均法计算，具体计算见式（3-1）。

$$Q = \frac{\sum_{1}^{n}(Q_1 + Q_2 + L + Q_n) \times 10}{n \times S} \tag{3-1}$$

式中，Q 为地膜残留强度，单位为 kg/hm^2；Q_n 为第 n 个样方残留的地膜量，单位为 g；n 为地块样方数量，无量纲；S 为单个样方的面积，单位为 m^2；10 为转化系数。

二、地膜残留强度评价方法

中国于 2010 年发布了《农田地膜残留量限值及测定》（GB/T 25413—2010），标准明确规定待播农田耕作层内（0～25cm 或 30cm）地膜残留量限值应不大于 75.0kg/hm^2。由于本书中主要测定的是 0～20cm 土壤层次中的地膜残留强度，按照 0～20cm 土壤层次中的地膜残留量占 0～30cm 土壤层次中的地膜残留量的 82.4%～87.4% 进行折合计算，该层土壤中的地膜残留强度应小于或等于 65.5kg/hm^2，因此，本书中采用 65.0kg/hm^2 作为 0～20cm 土层的地膜残留量限值，用于评价所有调查点地膜残留强度的超标情况。

三、地膜残留系数计算方法

地膜残留系数指单位农田面积上残留在特定深度土层里的当年新增地膜量占地膜当年使用量的百分比，单位通常用%表示。本书中没有特定标注说明的，土壤深度为 0～20cm。监测地块的地膜残留系数采样差减法计算，具体计算见式（3-2）。

$$K = \frac{C_1 - C_0}{Q} \times 100\% \qquad (3-2)$$

式中，K 为地膜残留系数，单位为%；C_1 为地膜铺设 3 年以后的地膜残留量，单位为 kg/hm^2；C_0 为地膜铺设前的地膜残留量，单位为 kg/hm^2；Q 为试验期间累计地膜铺设量，单位为 kg/hm^2。

参 考 文 献

冯应建, 白玉宝, 段亚琴. 2019. 酒泉市肃州区田间地膜累积残留量监测初报[J]. 农业科技与信息, (7): 47-48, 54.
国家质量监督检验检疫总局, 中国国家标准化管理委员会. 2011. 农田地膜残留量限值及测定: GB/T 25413—2010[S]. 北京: 中国标准出版社.
何为媛, 李玫, 李真熠, 等. 2013. 重庆市地膜残留系数研究[J]. 农业环境与发展, 30(3): 76-78.
何文清, 严昌荣, 刘爽, 等. 2009. 典型棉区地膜应用及污染现状的研究[J]. 农业环境科学学报, 28(8): 1618-1622.
黄宇. 2012. 基于 EKC 的中国农业面源污染实证研究[D]. 成都: 西南交通大学硕士学位论文.
康平德, 胡强, 鲁耀, 等. 2013. 云南丽江典型玉米种植区地膜残留研究[J]. 湖南农业科学, (3):

56-58.

李克南. 2014. 华北地区冬小麦—夏玉米作物生产体系产量差特征解析[D]. 北京: 中国农业大学博士学位论文,

李仙岳, 史海滨, 吕烨, 等. 2013. 土壤中不同残膜量对滴灌入渗的影响及不确定性分析[J]. 农业工程学报, 29(8): 84-90.

逯海林. 2016. 商都县地膜残留监测地块的调查[J]. 基层农技推广, 4(3): 52-53.

马辉. 2008. 典型农区地膜残留特点及对玉米生长发育影响研究[D]. 北京: 中国农业科学院硕士学位论文,

马辉, 梅旭荣, 严昌荣, 等. 2008. 华北典型农区棉田土壤中地膜残留特点研究[J]. 农业环境科学学报, 27(2): 570-573.

申丽霞, 王璞, 张丽丽. 2012. 可降解地膜的降解性能及对土壤温度、水分和玉米生长的影响[J]. 农业工程学报, 28(4): 111-116.

沈琼华. 2009. 大棚地膜残留系数测算试验初报[J]. 现代农业科技, (14): 230.

唐文雪, 马忠明, 魏焘. 2015. 甘肃省农田地膜残留监测技术规程[J]. 甘肃农业科技, (11): 81-83.

唐文雪, 马忠明, 魏焘. 2017. 多年采用不同捡拾方式对地膜残留系数及玉米产量的影响[J]. 农业资源与环境学报, 34(2): 102-107.

滕世辉, 李晓霞, 房晓燕, 等. 2018. 临沂市农用地膜残留系数研究与影响因素分析[J]. 农学学报, 8(7): 11-14.

王频. 1998. 残膜污染治理的对策和措施[J]. 农业工程学报, 14(3): 185-188.

许香春, 王朝云. 2006. 国内外地膜覆盖栽培现状及展望[J]. 中国麻业, (1): 6-11.

严昌荣, 刘恩科, 舒帆, 等. 2014. 我国地膜覆盖和残留污染特点与防控技术[J]. 农业资源与环境学报, 31(2): 95-102.

于静洁, 任鸿遵. 2001. 华北地区粮食生产与水供应情势分析[J]. 自然资源学报, 16(4): 360-365.

张丹, 胡万里, 刘宏斌, 等. 2016. 华北地区地膜残留及典型覆膜作物残膜系数[J]. 农业工程学报, 32(3): 1-5.

张永涛, 汤天明, 李增印, 等. 2001. 地膜覆盖的水分生理生态效应[J]. 水土保持研究, (3): 45-47.

张云收. 2017. 棉花地膜残留的监测与分析[J]. 农技服务, 34(13): 164.

朱静. 2015. 定西市陇川乡玉米地地膜残留调查与评价[J]. 安徽农业科学, 43(20): 98, 128.

Yang N, Sun Z X, Feng L S, et al. 2015. Plastic film mulching for water-efficient agricultural applications and degradable films materials development research[J]. Materials and Manufacturing Processes, 30(2): 143-154.

第四章　我国主要覆膜作物地膜残留特征

我国气候特征呈典型的区域性分布特点，导致主要的粮食作物和经济作物种植区域特征明显，例如，西南地区是我国烤烟的主要生产基地，西北地区是我国棉花的主要生产基地，东北地区是我国大豆、水稻的主要生产基地，黄淮海平原是我国小麦的主要生产基地等。不同的气候特征直接影响作物的地膜应用，我国西北地区气候干燥、年降水量少，地膜覆盖主要是以节水抗旱、水资源的高效利用为目的，所以地膜覆盖比例高、覆膜时间长、覆膜频次低。我国南方地区气候温暖湿润、年降水量较大，但降水季节性强，具有季节性干旱的特点，地膜覆盖主要是解决季节性缺水的问题，以保墒、保苗为目的，所以我国南方地区地膜覆盖比例低、覆盖时间短，但覆膜频次高。本章根据全国 720 个农田试验点的地膜监测结果，结合我国主要覆膜模式，阐述我国地膜覆盖特征、农田土壤（0～20cm）的地膜残留强度及空间分布特征。根据 2012 年我国地膜覆盖面积和各区域的地膜残留强度、系数，估算我国农田土壤（0～20cm）地膜残留总量。同时系统分析土壤质地、地膜覆盖周期、地膜覆盖年限及农田经营规模等主要影响因子对地膜残留的影响，为我国地膜污染防治技术提供依据。

第一节　我国地膜残留特征

一、农田地膜的厚度和用量

我国所用地膜厚度范围跨度较大（图 4-1），在 0.004～0.025mm，其中，约 90%的地膜厚度集中在 0.004～0.008mm。地膜厚度应用比例占前 5 位的依次为：0.008mm 地膜（48.19%）、0.004mm 地膜（12.92%）、0.005mm 地膜（12.64%）、0.007mm 地膜（11.53%）以及 0.006mm 地膜（6.39%）。地膜厚度的空间分布特点为北方地区所用地膜比南方厚，例如，西北地区厚度≥0.008mm 的地膜应用比例为 79.02%，而西南地区厚度≥0.008mm 的地膜应用比例仅为 44.44%。

我国地膜平均用量为 33.15kg/hm²，变异系数为 28.01%（表 4-1）。不同地区间地膜用量不同，东北地区平均地膜用量最大，为 38.11kg/hm²，是地膜用量最小地区（华北地区，29.73kg/hm²）的 1.28 倍。作物间地膜用量差异较大，各覆膜作物地膜用量从高到低的顺序是：花生（36.65kg/hm²）、蔬菜（34.79kg/hm²）、烤烟（33.72kg/hm²）、玉米（32.40kg/hm²）、向日葵（31.70kg/hm²）、马铃薯（31.59kg/hm²）、

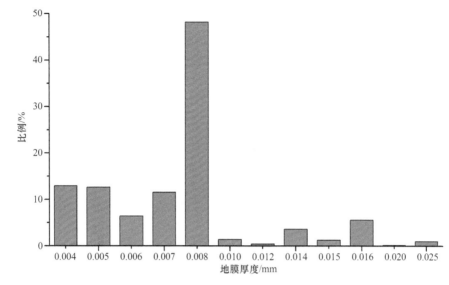

图 4-1　我国农田地膜厚度分布情况

表 4-1　不同地区不同作物的地膜用量　（单位：kg/hm²）

作物类型	东北地区	华北地区	华东地区	西北地区	西南地区	中南地区	平均
花生	40.50	33.42	22.50	—	30.60	49.25	36.65
蔬菜	37.77	30.54	36.49	31.50	39.41	34.23	34.79
烤烟	38.75	—	29.25	—	34.21	26.25	33.72
玉米	36.74	29.03	—	28.07	39.11	27.50	32.40
向日葵	—	—	—	31.70	—	—	31.70
马铃薯	36.25	27.00	37.65	32.50	32.63	20.70	31.59
棉花	—	26.07	39.75	29.73	—	30.75	30.08
其他作物	—	—	—	27.75	23.63	25.31	26.36
平均	38.11	29.73	36.65	30.20	37.65	34.09	33.15

棉花（30.08kg/hm²）及其他作物（26.36kg/hm²），其中，花生是我国地膜用量最大的作物，平均为 36.65kg/hm²，是其他作物的 1.4 倍，是全国平均地膜用量的 1.1 倍。同时，区域间各作物地膜用量差异不同，北方地区不同作物间的地膜用量差异较小，而南方地区不同作物间的地膜用量差异较大，该差异主要是由地膜覆盖频次不同造成的。

二、主要覆膜作物的覆膜面积

据 2012 年《中国农业年鉴》和各级农业主管部门报送数据的不完全统计

（图 4-2），2012 年我国主要覆膜作物播种面积为 6885.47 万 hm²，其中覆膜面积达到 2039.07 万 hm²，占播种面积的 29.61%。蔬菜、玉米、棉花、花生、马铃薯及烤烟是我国覆膜面积较大的作物，其中，蔬菜覆膜面积 777.97 万 hm²，占播种面积的 35.34%；玉米覆膜面积 433.66 万 hm²，占播种面积的 15.92%；棉花覆膜面积 314.67 万 hm²，占播种面积的 75.15%；花生覆膜面积 125.81 万 hm²，占播种面积的 31.03%；马铃薯覆膜面积 111.87 万 hm²，占播种面积的 24.24%；烤烟覆膜面积 75.67 万 hm²，占播种面积的 56.65%；甘蔗覆膜面积 69.39 万 hm²，占播种面积的 39.56%；小麦覆膜面积 61.67 万 hm²，占播种面积的 31.93%；向日葵覆膜面积 11.54 万 hm²，占播种面积的 52.85%；加工番茄覆膜面积 9.13 万 hm²，占播种面积的 99.39%；大豆覆膜面积 5.01 万 hm²，占播种面积的 6.84%；木薯覆膜面积 0.43 万 hm²，占播种面积的 72.67%。

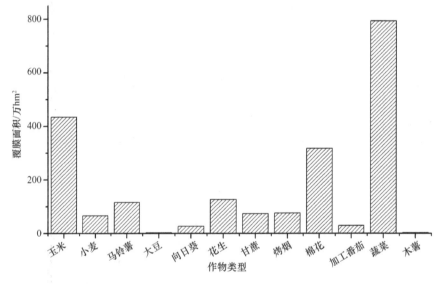

图 4-2　2012 年主要覆膜作物的覆膜面积

地膜覆盖作物具有明显的区域性分布特征（图 4-3），东北地区主要覆膜作物为蔬菜、玉米和马铃薯，华北地区主要覆膜作物为蔬菜、棉花、花生和马铃薯，华东地区主要覆膜作物为蔬菜，西北地区主要覆膜作物为玉米、棉花、小麦、蔬菜、马铃薯，西南地区主要覆膜作物为玉米、蔬菜及烤烟，中南地区主要覆膜作物为蔬菜、甘蔗、玉米和棉花。

三、地膜残留强度

我国农田土壤（0～20cm）地膜残留强度具有以下特点（图 4-4a 和图 4-4b）：

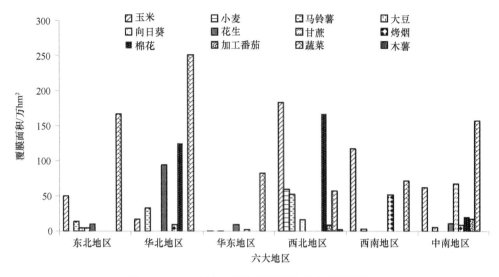

图 4-3　2012 年各分区主要覆膜作物的覆膜面积

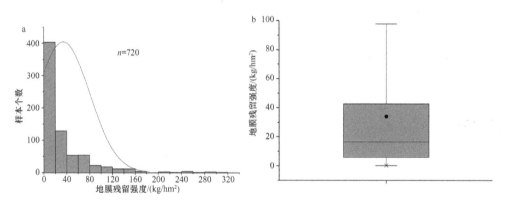

图 4-4　农田地膜残留强度分布情况

图 a 中的曲线为地膜残留强度与样本个数的分布拟合曲线；图 b 中阴影部分的圆点代表算术平均数，
横线代表中位数

①范围跨度大、两极分化严重。地膜残留强度分布在 0.15～317kg/hm²，最大值（新疆，317kg/hm²）是最小值（黑龙江，0.15kg/hm²）的 2000 多倍，其中地膜残留强度大于 43.95kg/hm² 的样本占 25%以上，小于 5.68kg/hm² 的样本占 25%，5.68～43.95kg/hm² 的样本占 50%。②空间变异系数大。在 720 个试验点监测中，我国耕地土壤（0～20cm）地膜平均残留强度为 35.10kg/hm²（中位数为 16.50kg/hm²，空间变异系数为 136.88%），地膜残留强度的算术平均数与中位数的差异较大，算术平均数是中位数的 2.13 倍，所以不论是算术平均数还是中位数都不能准确代表全国的平均水平。

　　我国地膜残留强度在空间尺度上的分布特征为北方地膜残留强度远高于南方

（图 4-5），各区域地膜残留强度自高到低的顺序依次为：西北地区（60.04kg/hm²）＞华北地区（28.00kg/hm²）＞东北地区（19.59kg/hm²）＞中南地区（19.01kg/hm²）＞西南地区（8.52kg/hm²）＞华东地区（8.37kg/hm²），其中，西北地区的地膜残留强度最高，是地膜残留强度最低地区（华东地区）的 7.17 倍。造成该现象的主要原因为：我国北方地区降水量小、蒸发量大，水是限制农业生产的主要因素，地膜覆盖是农业节水的主要措施，该措施在北方地区的应用时间长、规模大，同时，与南方地区相比，北方地区地膜覆盖周期长、温差大等因素，加剧了地膜的老化速度，地膜碎片化严重，且北方地区人均耕地资源多，农业生产精细化程度低，残膜难以有效回收，造成北方耕地土壤中地膜残留强度较高。

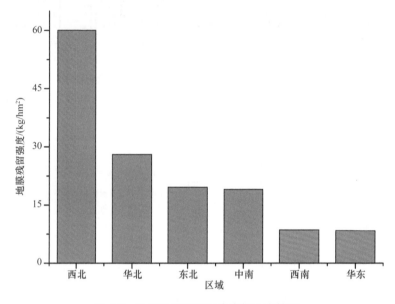

图 4-5 农田地膜残留强度空间分布情况

从全国范围看，不同作物土壤地膜残留强度差异较大（表 4-2）。棉花是我国地膜残留强度最大的作物，平均残留强度为 79.40kg/hm²，是全国地膜平均残留强度的 2.3 倍，是烤烟地膜残留强度的 7.5 倍。在我国主要的覆膜作物中，只有棉花作物的地膜残留强度高于全国平均水平，其他作物都低于全国平均水平。从区域范围看，同一地区不同作物间的地膜残留强度差异也较大，在同一个地区内最大残留强度是最小残留强度的 5～30 倍。同时，各个区域地膜残留强度最高的作物也不相同。例如，东北地区地膜残留强度最高的作物是玉米，华北地区地膜残留强度最高的作物是花生，西北地区地膜残留强度最高的作物是棉花，华东地区地膜残留强度最高的作物是蔬菜，西南地区地膜残留强度最高的作物是烤烟，中南地区地膜残留强度最高的作物是玉米。

表 4-2 不同地区不同作物的地膜残留强度 （单位：kg/hm²）

作物类型	东北地区	华北地区	华东地区	西北地区	西南地区	中南地区	平均
棉花	—	31.77	4.15	104.07	—	12.88	79.40
花生	15.89	32.00	9.60	—	4.83	26.99	24.16
玉米	29.65	21.73	—	31.29	12.60	31.35	23.90
向日葵	—	12.30	—	24.84	—	—	23.70
蔬菜	18.23	24.59	24.01	28.65	7.55	17.10	21.11
马铃薯	25.68	14.95	9.23	23.17	4.88	1.05	18.47
烤烟	5.80	—	2.05	—	13.02	6.45	10.54
平均	19.24	26.81	18.01	61.12	9.63	19.01	35.10

四、耕作层土壤残膜分布特征

残膜主要分布在 0～30cm 土壤中，其中 0～20cm 土壤地膜残留强度约占总强度的 73%，20～30cm 土壤约占总强度的 27%。本研究发现，农田 0～30cm 土壤的地膜残留强度与 20～30cm 土壤的地膜残留强度呈正相关关系（图 4-6），其拟合关系符合幂指数函数，方程为 $y=0.435x^{0.909}$（$R^2=0.679$，$N=111$），相关性达到极显著水平（$P<0.01$）。这说明土壤地膜残留强度越大，地膜向下迁移的量就越大，当 0～20cm 地膜残留强度超过 200kg/hm² 时，残膜向下迁移的量急剧增加。

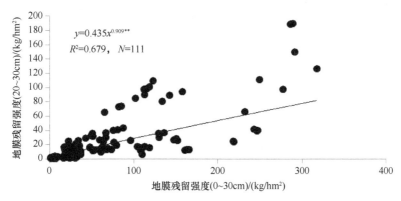

图 4-6 不同土壤层（壤土）地膜残留强度的相关性

**代表相关性达到极显著水平（$P<0.01$）

虽然地膜向下迁移的量与地膜残留总强度呈正相关关系，但是不同土壤质地、作物种类，其向下迁移的量存在差异。以新疆的棉花、内蒙古的马铃薯和玉米三种作物为例，在内蒙古玉米作物中，不同土壤类型 20～30cm 土层中地膜残留强度比重大小为轻壤（35.66%）＞壤土（35.18%）＞黏土（29.16%）；在新疆棉花上，20～30cm 土壤中地膜残留强度比重大小为轻壤（39.79%）＞黏土（30.21%）＞壤土（29.22%），说明土壤粒径和土壤黏性是影响 20～30cm 土壤中地膜残留强度比重的重要因素。然而，在内蒙古马铃薯作物中，20～30cm 土壤中地膜残留强度比重则表现为黏土（78.15%）＞壤土（13.94%）＞轻壤（7.91%），黏土对残膜的附着力较大，收获前揭膜时地膜易碎、难回收，同时马铃薯收获时对土壤的扰动较大，容易将表层残膜翻埋到较深土层。

第二节　我国主要覆膜作物农田地膜残留特征和影响因素

一、玉米

玉米是我国传统的主要粮食作物，种植范围广、播种面积大，覆膜玉米类型以春玉米为主，南方局部地区有秋玉米和早春玉米。本次调查区域覆盖了甘肃、广西、贵州、河北、河南、湖北、吉林、辽宁、内蒙古、青海、山西、陕西、四川、天津、云南、重庆等 16 个省份。据 2012 年《中国农业年鉴》和各省农业年鉴的不完全统计，全国玉米播种面积为 2833 万 hm^2，其中覆膜面积为 433 万 hm^2，占玉米播种面积的 15%，并且覆膜面积呈增加趋势。由于各地区的种植方式、覆膜习惯、田间管理及气候条件等因素的不同，其玉米地膜应用和地膜残留强度也有所差异。

（一）地膜厚度及用量

从全国范围来看（表 4-3），玉米使用地膜的厚度范围在 0.004～0.025mm，使用的地膜厚度主要为 0.005mm 和 0.008mm，分别占应用总量的 12.6% 和 72.4%。我国北方地区所用地膜厚度总体高于南方地区，南方地区小环境气候突出，覆膜目的复杂多样，所以南方地区使用地膜的厚度范围较广，有 0.004mm 的超薄地膜，

表 4-3　玉米地膜厚度及用量情况　　　　　　（单位：kg/hm^2）

区域	地膜用量								平均
	0.004mm	0.005mm	0.006mm	0.007mm	0.008mm	0.01mm	0.014mm	0.025mm	
东北地区	84.23	112.50	—	—	89.57	—	—	—	90.80
华北地区	49.50	37.50	—	44.97	45.43	87.00	—	—	47.04
西北地区	—	56.25	60.00	52.50	55.25	—	—	—	55.21
西南地区	75.00	36.81	48.75	—	79.84	—	126.00	—	65.02
中南地区	22.50	—	—	—	—	—	—	45.00	37.50
平均	60.11	47.29	50.36	47.79	61.17	87.00	126.00	45.00	59.13

也有 0.025mm 的特殊地膜。全国玉米种植区平均地膜用量为 59.13kg/hm²，空间差异大，东北地区的地膜用量最大（90.80kg/hm²），是中南地区（37.50kg/hm²）的 2.4 倍。

（二）地膜残留强度

我国玉米地膜残留强度跨度范围大，区域性特征明显。全国玉米平均地膜残留强度为 23.90kg/hm²（中位数 14.25kg/hm²），范围为 0.23～144kg/hm²，变异系数为 122%（图 4-7a）。调查结果表明（图 4-7b），地膜残留强度小于 5kg/hm² 的占 25%，5～35kg/hm² 的占 57%，大于 35kg/hm² 的占 18%。各区域地膜残留强度具体为：中南地区（31.35kg/hm²）>西北地区（30.29kg/hm²）>东北地区（29.65kg/hm²）>华北地区（21.73kg/hm²）>西南地区（9.60kg/hm²）（图 4-8a）。各省份中，辽宁玉米地膜残留强度最高，达到 84.60kg/hm²，远高于其他省份（图 4-8b）。

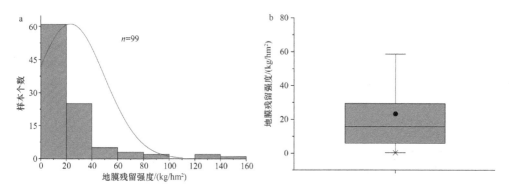

图 4-7 主要覆膜玉米种植区地膜残留强度分布

图 a 中的曲线为地膜残留强度与样本个数的分布拟合曲线；图 b 中阴影部分的圆点代表算术平均数，横线代表中位数

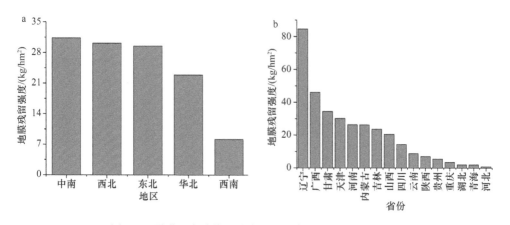

图 4-8 覆膜玉米种植区地膜残留强度情况（0～20cm）

（三）影响因素

在全国范围内，玉米地膜覆盖主要集中在北方早春玉米及南方秋玉米上，南方春玉米覆膜主要在高海拔地区。研究表明，辽宁、广西及甘肃的地膜残留强度显著高于全国玉米地膜平均残留强度（$P<0.05$），在这些地区地膜用量和覆盖周期也相应偏高与偏长，而云南、陕西、贵州、重庆、湖北、青海及河北的玉米地膜残留强度则显著低于全国玉米地膜平均残留强度（$P<0.05$）。虽然南方高海拔地区总体气温偏低，但是绝对温差小，多数地区在玉米中耕时进行人工除膜作业，使得地膜在地时间较短，所以地膜破损程度较小，回收率相对较高，因此南方地区玉米地膜残留强度总体上比较低。

二、马铃薯

马铃薯是我国传统的粮食作物，既可以作为主食，也可以作为蔬菜，深受人们的喜爱，全国各地都有马铃薯的种植。全国马铃薯播种面积为 514 万 hm^2，其中地膜覆盖面积为 112 万 hm^2、占播种面积的 21.79%。本次调查范围涉及青海、甘肃、湖北、重庆、江苏、吉林、宁夏、山东、陕西、辽宁、浙江和内蒙古等 12个省份。

（一）地膜厚度及用量

马铃薯使用的地膜厚度范围为 0.004～0.015mm，其中 0.006mm 和 0.008mm是使用量较大的地膜，分别占地膜总用量的 14.81%和 70.37%。我国北方地区所用地膜厚度总体高于南方地区，而南方地区使用的地膜厚度范围较广，有 0.004mm的超薄地膜，也有 0.015mm 的特殊地膜。全国马铃薯种植区平均地膜用量为31.59kg/hm^2，范围在 20.70～45.30kg/hm^2，各地区地膜用量虽然有所差异，但空间差异不明显。各地区马铃薯地膜厚度及用量详情见表4-4。

表4-4　马铃薯地膜厚度及用量情况　　　（单位：kg/hm^2）

区域	地膜用量					
	0.004mm	0.005mm	0.006mm	0.007mm	0.008mm	0.015mm
东北地区	—	30.00	37.50	—	37.50	—
华北地区	24.75	—	—	—	27.28	—
华东地区	—	—	—	30.00	—	45.30
西北地区	—	33.75	—	—	32.38	—
西南地区	32.63	—	—	—	—	—
中南地区	—	20.70	—	—	—	—

（二）地膜残留强度

全国马铃薯种植区域土壤的地膜残留强度跨度范围大，区域性特征明显。研究结果显示，全国马铃薯地膜残留强度分布范围为 0.45～134kg/hm²，平均值为 19.21kg/hm²（中位数 15.15kg/hm²，变异系数 117%）（图 4-9a）。地膜残留强度小于 6.3kg/hm² 的占 25%，6.3～25.23kg/hm² 的占 50%，大于 25.23kg/hm² 的占 25%（图 4-9b）。各区域地膜残留强度大小顺序为：东北地区（25.68kg/hm²）＞西北地区（23.17kg/hm²）＞华北地区（17.50kg/hm²）＞华东地区（9.23kg/hm²）＞西南地区（4.88kg/hm²）＞中南地区（1.05kg/hm²）（图 4-10a）。各省份中，甘肃、辽宁、陕西马铃薯地膜残留较为严重，地膜残留强度超过全国平均水平，而山东、重庆、吉林、江苏、湖北、青海马铃薯地膜残留程度较轻，地膜残留强度均低于 8kg/hm²（图 4-10b）。

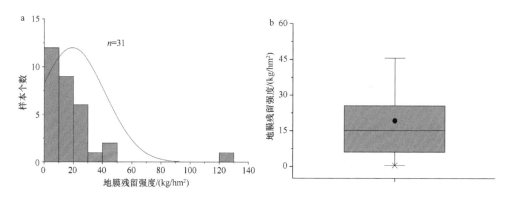

图 4-9　马铃薯地膜残留强度分布

图 a 中的曲线为地膜残留强度与样本个数的分布拟合曲线；图 b 中阴影部分的圆点代表算术平均数，横线代表中位数

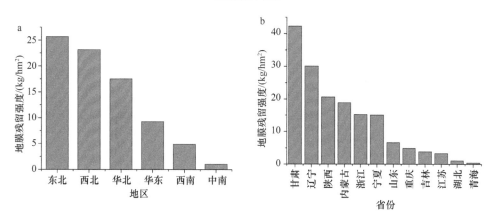

图 4-10　马铃薯种植区地膜残留强度（0～20cm）情况

（三）影响因素

研究结果表明（表4-5），马铃薯的种植制度对地膜残留强度的影响较大，一年一熟的地膜残留强度远高于一年两熟，这主要是由于年种植茬数越多，人为捡拾地膜的机会越大，地膜残留越少。此外，不论是一年一熟还是一年两熟种植制度，地膜残留强度都随覆膜年限的增加而增加。例如，对于一年两熟马铃薯而言，覆膜 $10 \sim 20$ 年农田的地膜残留强度为 $15.15kg/hm^2$，是覆膜 <5 年农田（$3.30kg/hm^2$）的 4.59 倍。

表 4-5　种植制度和覆膜年限对马铃薯地膜残留强度的影响（单位：kg/hm^2）

覆膜年限	地膜残留强度	
	一年两熟	一年一熟
<5	3.30	13.90
$5 \sim 10$	6.60	21.77
$10 \sim 20$	15.15	27.51

三、棉花

我国传统棉花种植区域主要有西北棉区、黄淮海棉区及长江流域棉区，本次调查区域覆盖了北京、河北、河南、山东、山西、天津、安徽、江西、甘肃、陕西、新疆及湖北 12 个省份。据 2012 年《中国农业年鉴》和各省农业年鉴的不完全统计，全国棉花播种面积为 422 万 hm^2，其中覆膜面积为 314 万 hm^2，占棉花播种面积的 74.4%，并且覆膜面积呈增加趋势。

（一）地膜厚度及用量

棉花覆盖地膜的厚度范围为 $0.004 \sim 0.014mm$，其中，$0.005 \sim 0.008mm$ 地膜应用最为广泛，$0.005mm$ 地膜占 18.02%，$0.006mm$ 地膜占 5.81%，$0.007mm$ 地膜占 26.16%，$0.008mm$ 地膜占 43.02%。由于各地区棉花种植方式、覆膜习惯、田间管理及气候条件等因素不同，棉花地膜厚度差异较大。其中，江西、山东、河北、安徽、湖北、天津、河南及北京等地棉花地膜厚度以 $0.004 \sim 0.006mm$ 为主，江西部分地区使用超薄地膜，陕西、新疆、山西、甘肃等地膜厚度主要为 $0.007 \sim 0.008mm$，新疆有少量特殊/新型地膜使用。与其他作物相比，棉花种植相对集中，棉花的地膜覆盖技术模式相对单一。所以，全国棉花地膜用量区域性差异不大，平均地膜用量为 $30.08kg/hm^2$，华东地区的地膜用量相对较高（$39.75kg/hm^2$），各地区棉花地膜厚度及用量详情见表4-6。

表 4-6　棉花地膜厚度及用量情况　　　（单位：kg/hm²）

分区	地膜用量					
	0.004mm	0.005mm	0.006mm	0.007mm	0.008mm	0.014mm
华北地区	26.46	22.38	32.25	30.00	24.00	—
华东地区	7.50	41.90	—	—	—	—
西北地区	—	—	—	29.57	30.06	25.31
中南地区	—	33.00	28.50	—	—	—

（二）地膜残留强度

我国棉田土壤的地膜残留强度分布范围为 0.60～317.35kg/hm²，平均值为 79.40kg/hm²（中位数 72.18kg/hm²，变异系数 86.27%）（图 4-11a）。虽然棉田土壤的地膜残留强度分布范围较大，但算术平均数和中位数的差异较小，说明棉花的中位数或算术平均数能代表全国的整体水平。研究结果表明（图 4-11b），地膜残留强度小于 50kg/hm² 的样本占 30.47%，50～100kg/hm² 的样本占 29.30%，100～150kg/hm² 的样本占 19.19%，150～200kg/hm² 的样本占 13.49%，200～250kg/hm² 的样本占 4.65%，250～300kg/hm² 的样本占 2.33%，300～350kg/hm² 的样本占 0.57%。我国棉花主要种植区域棉田土壤的地膜残膜强度呈明显的空间分布特征（图 4-12a），各地区棉花地膜残留强度大小顺序为：西北地区（105.52kg/hm²）＞华北地区（31.77kg/hm²）＞中南地区（12.88kg/hm²）＞华东地区（4.15kg/hm²）。由此可以看出，北方棉田的地膜残留强度大于南方，尤其是新疆地区作为我国棉花主要种植区，其地膜残留强度远高于其他区域（图 4-12b）。

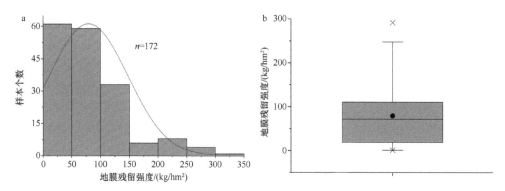

图 4-11　主要棉区土壤（0～20cm）地膜残留强度分布

图 a 中的曲线为地膜残留强度与样本个数的分布拟合曲线；图 b 中阴影部分的圆点代表算术平均数，横线代表中位数

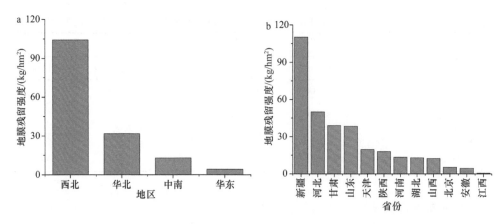

图 4-12　棉花种植区棉田土壤（0～20cm）地膜残留强度

（三）影响因素

新疆地区、黄淮海流域及长江中上游地区是我国棉花的主产区，由于各个地区的气候特征、种植制度、覆膜方式、地膜覆盖比例、覆盖周期以及地膜用量等因素不同，地区间地膜残留强度存在显著差异（$P < 0.05$），新疆地区（109.52kg/hm²，变异系数38%）＞黄淮海流域（50.07kg/hm²，变异系数43%）＞长江中上游地区（12.88kg/hm²，变异系数27%）。

新疆地区棉花种植制度为一年一熟，以单季棉花为主，由于新疆地区年降水量少、蒸发量大、昼夜温差大，棉花覆膜的目的是在种植期保水和保温，因此地膜覆盖方式是全膜覆盖（地膜宽度 140～170cm），即在作物整个生长周期内地膜一直覆盖地面。同时新疆地区地广人稀，人均耕地面积大，个体土地经营规模较大，所以地膜自覆盖后一直要到次年春耕时才采用机械回收方式进行回收。在地里越冬的地膜，由于受到冻土、冰雪等极端气候的影响，破碎速度加快，直接影响其回收效率，造成该地区地膜残留强度远高于其余地区。黄淮海流域棉花种植制度为一年两熟，覆膜的主要目的是在苗期保水、保温，以半膜/全膜覆盖方式（地膜宽度 70～80cm）为主。一部分棉农在中耕灌溉时进行人工揭膜（地膜影响灌溉的时候进行除膜），另一部分棉农则不会采取除膜措施（不影响灌溉的情况下），采收的是地上有效部分，地膜不会对棉花的采摘造成影响，同时棉花采摘后棉农一般不会对地膜进行及时清除作业，直到次年棉花种植前在耕作时才会进行机械/人工除膜作业，因此该地区的地膜残留强度低于新疆地区，但远高于长江中上游地区。长江中上游地区棉花种植制度为一年两熟，以棉花-麦类和棉花-油菜种植模式为主，此区域覆膜的目的主要是在苗期保水和保温，以窄膜覆盖（地膜宽度40～60cm）为主，一部分棉农在棉花中耕、灌溉时进行人工揭膜作业，另一部分棉农则是在油菜或麦类种植时进行人工揭膜作业，所以地膜在地时间较短，使该地区地膜残留程度较轻。详细情况见表 4-7。

表 4-7　主要棉区影响地膜残留强度的主要因素

棉花种植区域	种植模式	地膜残留强度/（kg/hm²）	覆膜比例/%	地膜覆盖周期
长江中上游地区	棉花-麦类	12.74a	60.00	60 天或 180 天
	棉花-油菜	12.95a	40.00	
黄淮海流域	单季棉花	50.07b	75.00	60 天或 300 天
新疆地区	单季棉花	112.52c	100.00	300 天以上

注：不同小写字母代表不同处理间差异显著（$P<0.05$）

　　此外，地膜用量影响地膜残留强度，各地区地膜用量大小顺序和地膜残留强度规律相似，都表现出沿东南向西北逐渐增加的趋势。新疆地区的地膜用量（54.05kg/hm²，变异系数 8%）显著高于黄淮海流域（32.33kg/hm²，变异系数 7%）和长江中上游地区（30.75kg/hm²，变异系数 8%）（$P<0.05$），黄淮海流域的地膜用量略高于长江中上游地区，但两个区域的地膜用量差异没有达到显著水平（$P>0.05$）（图 4-13）。由此可以看出，新疆地区地膜用量高是该地区残膜污染严重的重要原因之一。

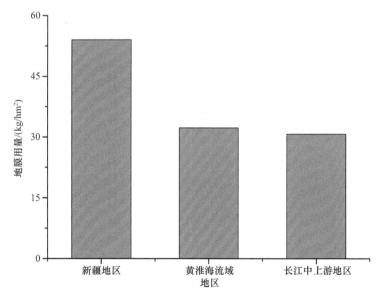

图 4-13　主要棉区的地膜用量

四、花生

　　花生是我国传统的油料作物，深受人们的喜爱，在全国广泛种植。据不完全统计，2012年全国花生播种面积为432万hm²，其中地膜覆盖面积为126万hm²，占播种面积的29%。本次监测范围涉及安徽、北京、广东、河北、河南、湖北、吉林、辽宁、山东、山西及贵州等11个省份。

（一）地膜厚度及用量

花生使用地膜的厚度范围在0.004～0.015mm，主要使用的地膜厚度为0.004mm，占应用总量的39.62%。花生覆膜主要分布于我国北方地区，地膜厚度范围也较广，而南方地区花生覆膜面积较小，所使用地膜也相对单一，主要为厚度0.04mm和0.006mm的地膜。全国花生种植地膜平均用量为37.91kg/hm²，范围在18～75kg/hm²，各地区地膜用量虽然有所差异，但空间差异不大，各地区花生地膜厚度及用量详情见表4-8。

表4-8　花生地膜厚度及用量情况　　　　（单位：kg/hm²）

区域	地膜用量					
	0.004mm	0.005mm	0.006mm	0.007mm	0.008mm	0.015mm
东北地区	40.50	33.75	33.75	35.75	51.88	—
华北地区	33.56	44.40	—	28.50	27.50	37.50
华东地区	—	—	22.50	—	—	—
中南地区	73.75	—	24.75	—	—	—

（二）地膜残留强度

全国花生地膜残留强度跨度范围大，区域性特征明显。调查结果表明（图4-14a），全国花生地膜残留强度分布范围为0.15～67kg/hm²，平均值为25.88kg/hm²（中位数20.55kg/hm²，变异系数74.40%）。地膜残留强度小于10kg/hm²的占31.15%，10～

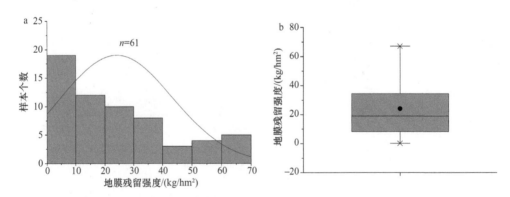

图4-14　花生地膜残留强度分布

图a中的曲线为地膜残留强度与样本个数的分布拟合曲线；图b中阴影部分的圆点代表算术平均数，
横线代表中位数

20kg/hm² 的占 19.67%，20～30kg/hm² 的占 16.39%，30～40kg/hm² 的占 13.11%，40～50kg/hm² 的占 4.92%，50～60kg/hm² 的占 6.56%，大于 60kg/hm² 的占 8.20%（图4-14b）。各区域地膜残留强度大小顺序为（图 4-15a）：华北地区（32.00kg/hm²）＞中南地区（26.99kg/hm²）＞东北地区（15.89kg/hm²）＞华东地区（9.60kg/hm²）＞西南地区（4.83kg/hm²），其中华北地区花生农田地膜残留强度最大，是地膜残留强度最小区域（西南地区）的 6.63 倍。在所有省份中，山西、河北、山东以及湖北花生地膜残留强度较高，高于全国平均水平，安徽、吉林、北京以及贵州地膜残留强度较小，均＜10kg/hm²（图 4-15b）。

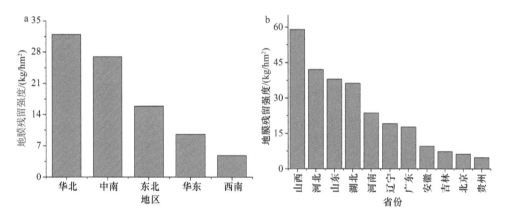

图 4-15　主要花生种植区土壤（0～20cm）地膜残留强度情况

五、蔬菜

近年来，随着地膜覆盖技术、栽培种植技术及生产管理技术的进步和完善，蔬菜种植区域越来越广、播种面积越来越大。目前，蔬菜种植方式主要有设施和露地栽培，南方干旱季节的露地蔬菜和北方设施蔬菜的种植均需覆膜。蔬菜覆膜方式主要有全膜覆盖和半膜覆盖两种，由于蔬菜种植周期短、经济价值高，作物复种指数较高，南方地区平均为 3 次，最多的超过 5 次，因此蔬菜的平均覆膜频次较高。据 2012 年《中国农业年鉴》和各省农业年鉴不完全统计，全国蔬菜播种面积为 2391 万 hm²，其中覆膜面积为 778 万 hm²，占蔬菜播种面积的 33%，并且蔬菜覆膜种类和覆膜面积呈增加趋势。由于各地区的种植方式、覆膜习惯、田间管理及气候条件等因素的不同，各地蔬菜地膜应用和地膜残留强度有所差异。

（一）地膜厚度及用量

我国蔬菜地膜具有厚度范围跨度大、覆膜习惯区域性突出等特点（表 4-9）。由于我国气候条件复杂、小环境气候突出，种植周期及生产管理习惯的差异，地膜种类也多种多样。我国蔬菜地膜厚度范围在 0.004～0.025mm，其中地膜厚度大于 0.012mm 的地膜主要是用于小拱棚及设施大棚。例如，东北地区、西北地区、华北地区和西南地区主要的蔬菜地膜厚度为 0.004～0.008mm，而华东地区和中南地区主要的蔬菜地膜厚度则为 0.004～0.025mm，超薄地膜和特殊地膜的使用相对普遍，这与蔬菜种类、覆膜目的、覆盖时间有关。蔬菜地膜用量取决于地膜厚度、地膜铺设频次及地膜覆盖比例等因素，从全国范围来看，蔬菜地膜用量没有明显的差异和规律。

表 4-9 蔬菜地膜厚度及用量情况 （单位：kg/hm²）

分区	地膜用量											
	0.004mm	0.005mm	0.006mm	0.007mm	0.008mm	0.010mm	0.012mm	0.014mm	0.015mm	0.016mm	0.020mm	0.025mm
东北地区	37.50	—	—	28.13	38.02	—	—	—	—	—	—	—
华北地区	27.71	31.38	33.28	27.65	33.28	—	—	—	—	—	—	—
华东地区	39.14	35.96	31.50	—	30.00	32.14	38.75	40.37	37.50	39.10	—	34.28
西北地区	—	34.88	56.25	29.50	31.21	—	—	—	—	—	—	—
西南地区	37.35	39.51	30.00	38.30	50.42	—	—	35.01	—	—	29.89	30.00
中南地区	34.80	44.25	45.00	—	33.21	34.53	—	22.07	32.34	34.28	—	47.33

（二）地膜残留强度

我国蔬菜地膜残留强度分布范围在 0.15～176kg/hm²，平均值为 19.11kg/hm²（中位数为 10.88kg/hm²，变异系数为 147%，百分位 25% 的数值为 3.84kg/hm²，百分位 75% 的数值为 27.07kg/hm²）（图 4-16a）。从全国调查结果可以看出（图 4-16b），地膜残留强度小于 10kg/hm² 的占 45.93%，10～20kg/hm² 的占 21.82%，20～30kg/hm² 的占 10.42%，30～40kg/hm² 的占 8.14%，40～50kg/hm² 的占 4.56%，50～60kg/hm² 的占 2.61%，60～70kg/hm² 的占 3.91%，70～80kg/hm² 的占 0.98%，大于 80kg/hm² 的占 1.63%。从全国空间分布来看，西北地区（28.65kg/hm²）＞华北地区（26.59kg/hm²）＞东北地区（18.23kg/hm²）＞中南地区（17.10kg/hm²）＞华东地区（10.04kg/hm²）＞西南地区（7.55kg/hm²）（图 4-17a）。全国各个省份蔬菜地膜残留强度存在差异（图 4-17b），其中新疆、北京、甘肃、天津、山西和内蒙古显著高于全国蔬菜地膜平均残留强度（$P<0.05$）；河南、吉林、福建、江西、江苏、山东、云南、广东、贵州、安徽、重庆、陕西、青海等地膜残留强度则显著低于全国蔬菜地膜平均残留强度（$P<0.05$）。地膜残留强度呈现自南向北增长的态势。

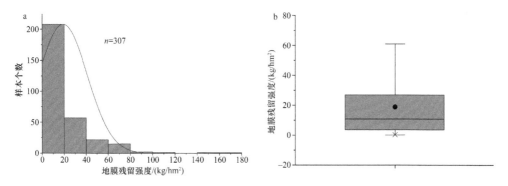

图 4-16　主要蔬菜农田地膜残留强度分布情况

图 a 中的曲线为地膜残留强度与样本个数的分布拟合曲线；图 b 中阴影部分的圆点代表算术平均数，
横线代表中位数

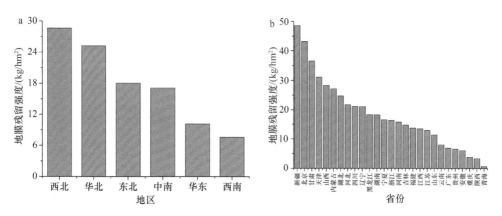

图 4-17　主要蔬菜种植区土壤（0~20cm）地膜残留强度

（三）影响因素

地膜残留强度高的地区，其地膜用量和覆盖周期高于或长于地膜残留强度低的区域，同时在全国范围内，蔬菜复种指数高的地区人工除膜作业率也高，虽然地膜投入量高，但是其残留量较低。南方地区部分超薄地膜以窄膜覆盖为主，不回收是造成南方局部地区地膜残留强度高的主要因素。

第三节　地膜残留强度的影响因素

一、是否回收

地膜回收方式主要有机械/半机械回收、人工回收及不回收三种模式，其中东北地区、西北局部地区以机械/半机械回收方式为主，华北地区、中南地区及华东地区主要是采用人工回收及部分机械回收的方式，而西南地区则以人工回收为主。在这里，我们重点讨论回收和不回收地膜两种模式对土壤地膜残留强度的影响。是否回收地膜是影响土壤地膜残留强度高低的最重要因素，从调查结果分析来看，地膜回收能有效降低土壤中地膜残留强度，与回收地膜相比，不回收地膜的地块中地膜残留强度平均是回收地膜地块的 5 倍，最高达到 23.6 倍。由于各个区域的气候、耕作措施、种植作物类型及地膜覆盖比例等因素不同，是否回收地膜对地膜残留强度的影响程度也不同。由表 4-10 可以看出，影响程度从大到小的顺序依次为中南地区、西北地区、东北地区、华东地区、西南地区及华北地区。从作物类型来看，影响程度从大到小的顺序依次为玉米、马铃薯、蔬菜、棉花及花生。

表 4-10　地膜是否回收对地膜残留强度的影响　（单位：kg/hm²）

作物	是/否回收	地膜残留强度					
		东北	华北	华东	西北	西南	中南
花生	否	37.58	25.54	—	—	—	—
	是	22.75	23.85	—	—	—	—
马铃薯	否	—	—	15.15	120.00	—	—
	是	—	—	3.30	16.59	—	—
棉花	否	—	37.05	—	—	—	—
	是	—	12.47	—	—	—	—
蔬菜	否	46.95	38.78	—	123.23	16.65	18.08
	是	5.85	23.65	—	11.71	6.74	18.45
玉米	否	—	19.46	—	108.08	16.16	46.05
	是	—	14.22	—	31.75	5.70	1.95

二、覆膜年限

地膜使用年限与地膜残留强度呈正相关关系，随着地膜使用年限增加，地膜残留强度呈上升态势（表 4-11）。覆膜 20 年以上农田地膜残留强度（0～20cm）是覆盖 5 年的地膜残留强度的 2.7 倍。由于不同作物的覆盖时间、覆盖比例、地膜用量、地膜回收方式和地膜厚度等因素不同，地膜残留强度和残留速率也不同。以新疆为例，地膜覆盖 20 年以上的经济作物（棉花）、粮食作物、油料作物、蔬菜/瓜果作物的残留强度分别是地膜覆盖 5 年以内的 2.68 倍、2.06 倍、2.08 倍、4.07 倍。

表 4-11　覆膜年限对地膜残留强度的影响（新疆）（单位：kg/hm²）

覆膜年限	地膜残留强度			
	经济作物（棉花）	粮食作物	油料作物	蔬菜/瓜果
<5	41.76±16.08	20.24±5.66	14.59±7.35	13.09±3.29
5~10	80.49±17.76	28.05±7.65	17.86±11.28	16.13±4.52
10~20	87.41±15.15	33.67±14.51	25.53±15.83	25.33±5.10
>20	111.95±31.68	41.64±25.92	30.38±10.84	53.30±34.50

三、土地经营规模

目前农村户均劳动力大约为 3 人。同时我国土地经营方式以小农户分散经营为主，土地经营规模直接影响农民对土地管理的精细程度。所以土地经营规模在一定程度上成为影响土壤（0~20cm）地膜残留强度的因素之一。以新疆地区为案例来具体分析（图 4-18），当经营规模小于 3.5 亩时，土壤（0~20cm）地膜残留强度最低，地膜残留强度<70kg/hm²；当经营规模在 3.5~15 亩时，土壤（0~20cm）地膜残留强度最高，地膜残留强度>100kg/hm²；当经营规模>15 亩时，土壤（0~20cm）地膜残留强度较高，地膜残留强度为 50~100kg/hm²。首先，新疆耕地面积为 5330 万亩，人均耕地面积 3.5 亩，高于我国其他大多数省份。其次，新疆耕地多数分布于平原区，土地平整，方便机械化经营。当土地经营规模小于 15 亩时，基本是人工耕作（包括地膜铺设和地膜回收）；当土地经营规模大于 15 亩，基本是机械化耕作。从图 4-18 也可以看出，人工精细回收能有效降低土壤中地膜残留强度，但是人工粗放回收则相反。

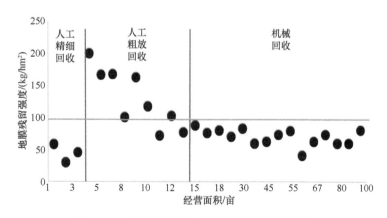

图 4-18　土地经营规模对地膜残留强度的影响

四、土壤质地

土壤质地继承了成土母质的特点，又受到耕作、施肥、排灌、平整土地等人为因素的影响，是土壤的一种十分稳定的自然属性。土壤质地根据土壤颗粒组成来划分，一般分为砂土、壤土和黏土三大类。土壤成土母质是影响地膜残留强度的重要因素，由不同母质发育成的土壤对地膜残留的影响是不同的，总体而言，由泥质山岩发育而成的土壤随着土壤粒径变小，地膜残留强度呈增加趋势；由砂质山岩发育而成的土壤随土壤粒径变小，地膜残留强度呈减少趋势。

砂质山岩发育而成的土壤，如新疆耕地，主要分布于南部的塔里木盆地和北部的准噶尔盆地，被阿尔泰山、昆仑山及天山包围，所以新疆土壤主要是由山洪冲积物和风积物形成的冲积型土壤，土壤保水抗旱能力较弱，土壤比热容小，土壤温度变化受气温影响较大。尤其是轻壤和砂壤的昼夜温度变化幅度大，加速了地膜的老化、破碎，从而加大了土壤地膜残留强度。再如，重庆紫色砂壤质地坚硬、温度变化大，加速了地膜的老化、破碎，所以土壤地膜残留强度加大。

泥质山岩发育而成的土壤，如潮土、栗钙土及泥质山岩红壤，虽然潮土主要是河流冲积形成的，但是其土层厚、粒径小，性质类似于栗钙土和泥质山岩红壤，土壤中砂砾较少，保水抗旱能力较好，与砂质山岩发育而成的土壤相比，其比热容较大，土壤温度变化幅度受气温变化的影响相对要小。地膜残留强度的整体规律为黏土＞壤土＞砂土，其中云南红壤地膜监测结果为黏土＞砂土＞壤土（图 4-19），主要是因为监测点中包含了一些石灰岩红壤。

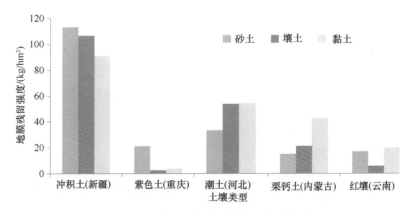

图 4-19　土壤类型和地膜残留强度的关系

在同一种土壤质地上，地膜残留强度主要由轮作模式、地膜用量、地膜回收方式等其他影响因素决定。在西北地区，几种轮作模式中土壤的地膜残留强度从高到低的顺序依次是：棉花-填闲＞玉米-填闲＞蔬菜-蔬菜＞玉米-麦类＞向日葵-填闲＞马铃薯-填闲＞花卉-花卉（图4-20）。虽然蔬菜-蔬菜轮作模式的地膜用量最大（60kg/hm²），利用频率也最高，但是蔬菜生长时间短，地膜未完全老化、破碎程度较小，加之蔬菜经济效益高、人工管理精细、地膜回收率高等因素，使得蔬菜-蔬菜轮作模式地膜残留强度相对较低。

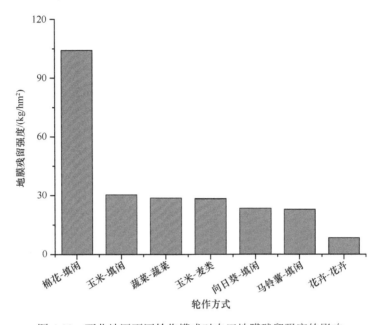

图4-20　西北地区不同轮作模式对农田地膜残留强度的影响

第四节　我国主要覆膜模式地膜残留强度

从全国调查结果可以看出，我国北方地区地膜残留强度高于南方地区，西部地区高于东部地区。新疆是我国地膜残留强度最高的地区，其次是甘肃、河北和山东，三个省的地膜残留强度相对较高。各地区种植栽培习惯、耕作措施、地膜铺盖方式及生产管理措施不同，区域内同一种作物的地膜残留强度差异较大，并且不同区域的地膜残留强度差异也较大，如新疆棉花地膜残留强度为110kg/hm²，分别是河北和湖北棉花的2倍和10倍。

本书第三章已经详细阐述了我国地膜残留强度的代表性问题。为了更准确地反映地膜残留强度，估算我国地膜残留总量，按照前面的分区，以大区单元的作物类别（粮食作物、油料作物、经济作物[①]、露地蔬菜和其他）为划分依据，并形成一级地膜覆盖技术模式；以大区单元的作物种类为划分依据，并形成二级地膜

① 此处指烤烟、棉花等作物

覆盖技术模式；在最小单元区域（省份）以作物种类为划分依据，并形成三级地膜覆盖技术模式。具体各级各模式的地膜残留强度见表 4-12～表 4-14。

表 4-12　全国一级地膜覆盖技术模式地膜残留强度表

地膜覆盖技术模式	地膜残留强度/（kg/hm²）	样本量/个
东北地区经济作物	5.80	3
东北地区粮食作物	28.35	20
东北地区露地蔬菜	18.06	44
东北地区油料作物	15.89	18
华北地区经济作物	31.77	29
华北地区粮食作物	20.45	20
华北地区露地蔬菜	25.27	30
华北地区油料作物	32.00	31
华东地区经济作物	3.73	20
华东地区粮食作物	9.23	2
华东地区露地蔬菜	10.13	51
华东地区油料作物	9.60	1
西北地区经济作物	104.07	121
西北地区粮食作物	28.76	55
西北地区露地蔬菜	28.65	94
西北地区其他	8.73	5
西北地区油料作物	23.70	11
西南地区经济作物	13.02	21
西南地区粮食作物	7.90	29
西南地区露地蔬菜	7.55	52
西南地区其他	0.45	1
西南地区油料作物	4.83	5
中南地区经济作物	11.96	7
中南地区粮食作物	23.78	4
中南地区露地蔬菜	17.10	36
中南地区其他	31.77	4
中南地区油料作物	26.99	6

表 4-13　全国二级地膜覆盖技术模式地膜残留强度表

地膜覆盖技术模式	地膜残留强度/（kg/hm²）	样本量/个
东北地区经济作物-烤烟	5.80	3
东北地区粮食作物-马铃薯	25.68	6
东北地区粮食作物-玉米	29.50	14
东北地区露地蔬菜-葱姜蒜	18.45	1
东北地区露地蔬菜-根茎叶类	19.56	12
东北地区露地蔬菜-瓜果类	17.46	31
东北地区油料作物-花生	15.89	18

续表

地膜覆盖技术模式	地膜残留强度/（kg/hm²）	样本量/个
华北地区经济作物-棉花	31.77	29
华北地区粮食作物-马铃薯	17.50	9
华北地区粮食作物-玉米	22.88	11
华北地区露地蔬菜-葱姜蒜	15.00	1
华北地区露地蔬菜-根茎叶类	25.05	6
华北地区露地蔬菜-瓜果类	25.77	23
华北地区油料作物-花生	32.00	31
华东地区经济作物-烤烟	2.05	4
华东地区经济作物-棉花	4.15	16
华东地区粮食作物-马铃薯	9.23	2
华东地区露地蔬菜-蔬菜	9.97	51
华东地区油料作物-花生	9.60	1
西北地区经济作物-棉花	104.07	121
西北地区粮食作物-马铃薯	23.17	11
西北地区粮食作物-玉米	30.16	44
西北地区露地蔬菜-葱姜蒜	20.74	13
西北地区露地蔬菜-根茎叶类	25.70	19
西北地区露地蔬菜-瓜果类	31.21	62
西北地区其他-花卉	8.73	5
西北地区油料作物-向日葵	23.70	11
西南地区经济作物-烤烟	13.02	21
西南地区粮食作物-马铃薯	4.88	2
西南地区粮食作物-玉米	8.13	27
西南地区露地蔬菜-葱姜蒜	13.35	1
西南地区露地蔬菜-根茎叶类	8.61	18
西南地区露地蔬菜-瓜果类	6.80	33
西南地区其他-水果	0.45	1
西南地区油料作物-花生	4.83	5
中南地区经济作物-烤烟	6.45	1
中南地区经济作物-棉花	12.88	6
中南地区粮食作物-马铃薯	1.05	1
中南地区粮食作物-玉米	31.35	3
中南地区露地蔬菜-根茎叶类	8.89	12
中南地区露地蔬菜-瓜果类	21.20	24
中南地区其他-水果	31.77	4
中南地区油料作物-花生	26.99	6

表 4-14　全国三级地膜覆盖技术模式地膜残留强度表

地膜覆盖技术模式	地膜残留强度/（kg/hm²）	样本量/个
黑龙江经济作物-烤烟	5.80	3
黑龙江露地蔬菜-根茎叶类	6.69	5
黑龙江露地蔬菜-瓜果类	21.24	19
吉林粮食作物-马铃薯	3.82	1
吉林粮食作物-玉米	23.55	9
吉林露地蔬菜-根茎叶类	11.25	1
吉林露地蔬菜-瓜果类	15.20	7
吉林油料作物-花生	7.31	5
辽宁粮食作物-马铃薯	30.05	5
辽宁粮食作物-玉米	84.60	1
辽宁露地蔬菜-根茎叶类	31.68	6
辽宁露地蔬菜-瓜果类	5.25	4
辽宁油料作物-花生	19.19	13
内蒙古（北部）粮食作物-玉米	29.10	4
内蒙古（北部）露地蔬菜-葱姜蒜	18.45	1
内蒙古（北部）露地蔬菜-瓜果类	10.35	1
北京经济作物-棉花	5.25	1
北京露地蔬菜-根茎叶类	37.95	1
北京露地蔬菜-瓜果类	48.45	1
北京油料作物-花生	6.30	2
河北经济作物-棉花	50.07	9
河北粮食作物-玉米	0.75	1
河北露地蔬菜-根茎叶类	16.95	3
河北露地蔬菜-瓜果类	24.69	5
河北油料作物-花生	42.06	7
河南经济作物-棉花	13.36	8
河南粮食作物-玉米	26.25	1
河南露地蔬菜-根茎叶类	19.05	1
河南露地蔬菜-瓜果类	14.65	3
河南油料作物-花生	23.61	12
内蒙古（中部）粮食作物-马铃薯	18.86	8
内蒙古（中部）粮食作物-玉米	26.66	5
内蒙古（中部）露地蔬菜-瓜果类	52.50	1
山东经济作物-棉花	38.36	8
山东粮食作物-马铃薯	6.60	1
山东露地蔬菜-葱姜蒜	15.00	1

续表

地膜覆盖技术模式	地膜残留强度/（kg/hm^2）	样本量/个
山东露地蔬菜-瓜果类	9.53	2
山东油料作物-花生	38.07	9
山西经济作物-棉花	12.30	1
山西粮食作物-玉米	20.40	3
山西露地蔬菜-根茎叶类	42.45	1
山西露地蔬菜-瓜果类	26.51	8
山西油料作物-花生	58.95	1
天津经济作物-棉花	19.65	2
天津粮食作物-玉米	30.15	1
天津露地蔬菜-瓜果类	31.10	3
安徽经济作物-棉花	4.39	15
安徽露地蔬菜-根茎叶类	4.47	4
安徽露地蔬菜-瓜果类	6.44	21
安徽油料作物-花生	9.60	1
福建经济作物-烤烟	2.05	4
福建露地蔬菜-根茎叶类	13.68	2
江苏粮食作物-马铃薯	3.30	1
江苏露地蔬菜-葱姜蒜	9.97	10
江苏露地蔬菜-瓜果类	27.45	2
江西经济作物-棉花	0.60	1
江西露地蔬菜-根茎叶类	16.26	4
江西露地蔬菜-瓜果类	2.25	1
浙江粮食作物-马铃薯	15.15	1
浙江露地蔬菜-瓜果类	16.29	7
甘肃经济作物-棉花	38.95	9
甘肃粮食作物-马铃薯	42.30	3
甘肃粮食作物-玉米	34.40	33
甘肃露地蔬菜-葱姜蒜	33.63	7
甘肃露地蔬菜-根茎叶类	35.91	9
甘肃露地蔬菜-瓜果类	38.92	11
甘肃其他-花卉	9.75	4
甘肃油料作物-向日葵	24.84	10
内蒙古（西部）粮食作物-玉米	24.21	7
内蒙古（西部）油料作物-向日葵	12.30	1
宁夏粮食作物-马铃薯	15.00	3
宁夏露地蔬菜-葱姜蒜	10.35	3

地膜覆盖技术模式	地膜残留强度/（kg/hm²）	样本量/个
宁夏露地蔬菜-根茎叶类	27.14	6
宁夏露地蔬菜-瓜果类	14.52	23
宁夏其他-花卉	4.65	1
青海粮食作物-马铃薯	0.45	1
青海粮食作物-玉米	1.95	1
青海露地蔬菜-葱姜蒜	1.05	3
青海露地蔬菜-根茎叶类	0.56	4
青海露地蔬菜-瓜果类	0.75	3
陕西经济作物-棉花	17.85	1
陕西粮食作物-马铃薯	20.63	4
陕西粮食作物-玉米	6.85	3
陕西露地蔬菜-瓜果类	3.30	1
新疆经济作物-棉花	110.13	111
新疆露地蔬菜-瓜果类	48.65	24
贵州经济作物-烤烟	6.84	4
贵州粮食作物-玉米	5.46	9
贵州露地蔬菜-瓜果类	6.63	28
贵州油料作物-花生	4.83	5
四川经济作物-烤烟	7.28	5
四川粮食作物-玉米	14.32	8
四川露地蔬菜-根茎叶类	22.64	3
四川露地蔬菜-瓜果类	16.80	1
云南经济作物-烤烟	25.92	8
云南粮食作物-玉米	8.80	4
云南露地蔬菜-葱姜蒜	13.35	1
云南露地蔬菜-根茎叶类	6.65	9
云南露地蔬菜-瓜果类	15.15	1
重庆经济作物-烤烟	0.60	4
重庆粮食作物-马铃薯	4.88	2
重庆粮食作物-玉米	3.42	6
重庆露地蔬菜-根茎叶类	4.52	6
重庆露地蔬菜-瓜果类	2.30	3
重庆其他-水果	0.45	1
广东露地蔬菜-根茎叶类	3.11	7
广东露地蔬菜-瓜果类	13.64	4
广东油料作物-花生	17.72	3

续表

地膜覆盖技术模式	地膜残留强度/（kg/hm²）	样本量/个
广西粮食作物-玉米	46.05	2
湖北经济作物-棉花	12.88	6
湖北粮食作物-马铃薯	1.05	1
湖北粮食作物-玉米	1.95	1
湖北露地蔬菜-根茎叶类	47.25	1
湖北露地蔬菜-瓜果类	22.82	12
湖北油料作物-花生	36.25	3
湖南经济作物-烤烟	6.45	1
湖南露地蔬菜-根茎叶类	9.41	4
湖南露地蔬菜-瓜果类	22.55	8
湖南其他-水果	31.77	4

参 考 文 献

毕继业, 王秀芬, 朱道林. 2008. 地膜覆盖对农作物产量的影响[J]. 农业工程学报, 24(11): 172-175.

高宇, 王金莲, 赵沛义, 等. 2018. 地膜厚度对马铃薯生长及农田水热条件和残膜污染的影响[J]. 农业资源与环境学报, 35(5): 439-446.

国家统计局农村社会经济调查司. 2014. 中国农村统计年鉴 2014[M]. 北京: 中国统计出版社.

何为媛, 李玫, 李真熠, 等. 2013. 重庆市地膜残留系数研究[J]. 农业环境与发展, 30(3): 76-78.

何文清, 严昌荣, 刘爽, 等. 2009. 典型棉区地膜应用及污染现状的研究[J]. 农业环境科学学报, 28(8): 1618-1622.

李付广, 章力建, 崔金杰, 等. 2005. 我国棉田生态系统立体污染及其防治对策[J]. 棉花学报, 17(5): 299-303.

刘建国, 李彦斌, 张伟, 等. 2010. 绿洲棉田长期连作下残膜分布及对棉花生长的影响[J]. 农业环境科学学报, 29(2): 246-250.

马辉, 梅旭荣, 严昌荣, 等. 2008. 华北典型农区棉田土壤中地膜残留特点研究[J]. 农业环境科学学报, 27(2): 570-573.

申丽霞, 王璞, 张丽丽. 2012. 可降解地膜的降解性能及对土壤温度、水分和玉米生长的影响[J]. 农业工程学报, 28(4): 111-116.

唐文雪, 马忠明, 魏焘, 等. 2016. 不同厚度地膜连续覆盖对玉米田土壤物理性状及地膜残留量的影响[J]. 中国农业科技导报, 18(5): 126-133.

唐文雪, 马忠明, 魏焘. 2017. 不同厚度地膜多年覆盖对土壤物理性状及玉米生长发育的影响[J]. 灌溉排水学报, 36(12): 36-41.

王秀康, 李占斌, 邢英英. 2015. 覆膜和施肥对玉米产量和土壤温度、硝态氮分布的影响[J]. 植物营养与肥料学报, 21(4): 884-897.

许香春, 王朝云. 2006. 国内外地膜覆盖栽培现状及展望[J]. 中国麻业, 28(1): 6-11.

严昌荣, 何文清, 刘爽, 等. 2015. 中国地膜覆盖及残留污染防控[M]. 北京: 科学出版社.

严昌荣, 刘恩科, 舒帆, 等. 2014. 我国地膜覆盖和残留污染特点与防控技术[J]. 农业资源与环境学报, 31(2): 95-102.

银敏华, 李援农, 李昊, 等. 2016. 覆盖模式对农田土壤环境与冬小麦生长的影响[J]. 农业机械学报, 47(4): 127-135,227.

张丹, 胡万里, 刘宏斌, 等. 2016. 华北地区地膜残留及典型覆膜作物残膜系数[J]. 农业工程学报, 32(3): 1-5.

张丹, 王洪媛, 胡万里, 等. 2017. 地膜厚度对作物产量与土壤环境的影响[J]. 农业环境科学学报, 36(2): 293-301.

张富林, 蔡金洲, 范先鹏, 等. 2014. 地膜南瓜适宜覆膜厚度初步研究[J]. 湖北农业科学, 53(23): 5755-5757.

张妮, 李琦, 侯振安, 等. 2016. 聚乳酸生物降解地膜对土壤温度及棉花产量的影响[J]. 农业资源与环境学报, 33(2): 114-119.

邹江腾. 2018. 不同厚度生物降解地膜在马铃薯种植中的应用试验[J]. 农业工程技术, 38(5): 23.

第五章　我国不同区域地膜残留特征

前一章对我国总体地膜残留特征进行了详细的描述，本章将结合东北、华北、西北、华东、中南和西南等六大分区的覆膜特征，总结分析各区域的覆膜作物情况、地膜种类、地膜用量及农田土壤（0～20cm）的地膜残留强度，系统阐述各区域地膜残留强度的空间分布特征。同时，进一步阐述各区域主要覆膜作物的地膜应用现状，农田土壤地膜残留强度及其空间分布特征，并讨论地膜残留强度的主要影响因子。

第一节　东北地区地膜残留强度

东北地区是国家商品粮重要基地，作物种植制度主要为一年一熟（近年来，部分蔬菜地也有一年多熟），主要种植的粮食作物包括玉米、水稻和马铃薯，经济作物包括大豆、花生、向日葵及少量的烤烟等。为保证作物正常生长，东北地区多采用地膜覆盖来提高地表温度，并且近年来露地蔬菜及设施蔬菜面积不断增加，导致东北地区地膜用量和覆膜面积也逐年递增。

一、地膜厚度及用量

东北地区主要种植的作物有粮食作物、经济作物、油料作物以及蔬菜，其中覆膜作物有玉米、马铃薯、花生、烤烟以及根茎叶类和瓜果类蔬菜。所使用地膜厚度范围为 0.004～0.010mm（图 5-1），其中 0.008mm 厚度的地膜是东北地区主要使用的地膜，占总量的 69.41%，主要用于夏玉米和春马铃薯作物的栽培；超薄地膜广泛用于瓜果类、根茎叶类蔬菜及花生等作物的栽培。

东北地区种植制度以一年一熟为主，作物种类相对较少，区域内不同作物和不同省份间地膜用量差异较小。东北地区地膜平均用量为 38.11kg/hm²，变异系数为 25.73%。其中，粮食作物（玉米和马铃薯）的地膜用量为 36.59kg/hm²，变异系数为 22.80%；油料作物（花生）的地膜用量为 40.50kg/hm²，变异系数为 36.02%；经济作物（烤烟）的地膜用量为 38.75kg/hm²，变异系数为 14.78%；蔬菜作物的地膜用量为 37.77kg/hm²，变异系数为 20.24%。在蔬菜作物中，根茎叶类蔬菜的地膜用量为 37.59kg/hm²，变异系数为 17.66%；瓜果类蔬菜的地膜用量为 37.97kg/hm²，变异系数为 23.62%；葱姜蒜类蔬菜的地膜用量为 33.75kg/hm²，变异系数为 36.74%，详细情况见表 5-1。

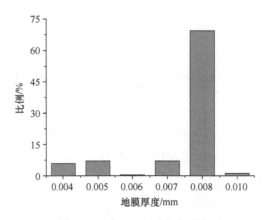

图 5-1　东北地区地膜厚度应用现状

表 5-1　东北地区不同作物地膜用量空间分布　　（单位：kg/hm²）

作物类型	地膜用量				
	黑龙江	吉林	辽宁	内蒙古（东部）	平均
花生	—	57.60	33.92		40.50
烤烟	38.75	—	—	—	38.75
马铃薯	—	37.50	36.00		36.25
蔬菜/葱姜蒜	—	—	—	33.75	33.75
蔬菜/根茎叶	38.63	41.25	36.13	—	37.59
蔬菜/瓜果	36.91	45.31	32.57	28.50	37.97
玉米	—	41.28	28.13	28.69	36.74
平均	37.43	45.89	34.35	29.5	38.11

二、地膜残留总体强度

东北地区地膜残留强度分布范围广，空间差异大。地膜平均残留强度为 19.59kg/hm²（中位数为 11.55kg/hm²），百分位 25%～75% 的值为 5.17～28.36kg/hm²，地膜最大残留强度是最小残留强度的 500 多倍，空间变异系数达 97.72%（图 5-2a）。其中，残留强度 <10kg/hm² 的占 42.35%，残留强度 10～20kg/hm² 的占 20.00%，残留强度 20～30kg/hm² 的占 17.65%，残留强度 30～40kg/hm² 的占 5.88%，残留强度 40～50kg/hm² 的占 5.88%，残留强度 50～60kg/hm² 的占 1.18%，残留强度 60～70kg/hm² 的占 4.71%，残留强度 70～80kg/hm² 的占 1.18%，残留强度 >80kg/hm² 的占 1.18%（图 5-2b）。

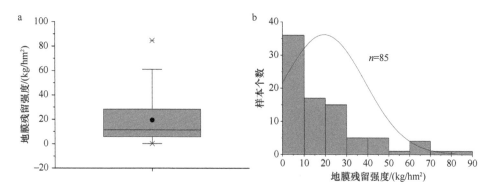

图 5-2　东北地区地膜残留强度分布

图 a 中阴影部分的圆点代表算术平均数，横线代表中位数；图 b 中的曲线为地膜残留强度与样本个数的分布拟合曲线

从空间分布来看，东北地区的各省份虽然气候条件及自然条件类似，但由于种植传统不一，主要覆膜作物有所差异。调查结果表明，黑龙江覆膜作物以烤烟和蔬菜为主，吉林覆膜作物以花生、马铃薯、蔬菜和玉米为主，辽宁覆膜作物以花生、马铃薯和玉米为主，内蒙古（东部）覆膜作物以玉米和蔬菜为主。辽宁、黑龙江、吉林、内蒙古（东部）耕层土壤（0～20cm）地膜残留强度分别为 22.27kg/hm^2、16.83kg/hm^2、16.09kg/hm^2、24.20kg/hm^2（图 5-3）。其中，内蒙古（东部）和辽宁农田土壤（0～20cm）地膜残留强度高，显著高于黑龙江和吉林（P＜0.05），而吉林和黑龙江地膜残留强度无显著性差异（P＞0.05）。

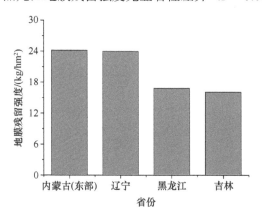

图 5-3　东北地区地膜残留强度空间分布

从作物种类来看，不同作物间的地膜残留强度存在显著性差异（P＜0.05）（图 5-4）。粮食作物的地膜残留强度最高，平均残留强度为 28.35kg/hm^2（变异系数为 80.33%），显著高于其他作物（P＜0.05）。经济作物的地膜残留强度最低，平均残留强度为 5.8kg/hm^2（变异系数为 164.27%），显著低于其他作物（P＜0.05）。

蔬菜地膜残留强度为 18.06kg/hm^2（变异系数为 95.10%），其中，根茎叶类蔬菜地膜残留强度为 19.56kg/hm^2（变异系数为 128.73%）；瓜果类蔬菜地膜残留强度为 17.46kg/hm^2（变异系数为 78.74%）；葱姜蒜类蔬菜地膜残留强度为 18.45kg/hm^2（变异系数为 87.65%）。油料作物地膜残留强度为 15.89kg/hm^2（变异系数为 114.28%）。

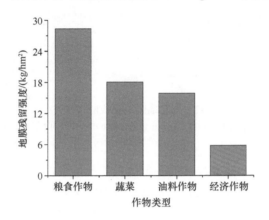

图 5-4 东北地区不同作物地膜残留强度

三、主要覆膜作物的地膜残留强度

（一）玉米

玉米是东北地区主要种植的粮食作物之一，根据《中国农业年鉴：2012》统计，2012 年东北地区粮食播种面积为 1921.77 万 hm^2，玉米播种面积为 985.62 万 hm^2，占粮食播种面积的 51%。其中，辽宁玉米播种面积 213.46 万 hm^2，占粮食播种面积的 67%；黑龙江玉米播种面积 458.74 万 hm^2，占粮食播种面积的 40%；吉林玉米播种面积 313.42 万 hm^2，占粮食播种面积的 69%。吉林是我国第一批玉米地膜覆盖技术示范地区之一，具有覆膜时间长、覆膜面积大的特点。

1. 覆膜技术参数

东北地区地膜覆盖技术模式主要为大小垄半覆膜平作集雨沟播技术和宽窄行地膜起垄覆盖技术，其种植密度为每亩 4000～5000 株，灌溉方式多为大水漫灌和膜下滴灌；地膜以白色地膜为主，地膜厚度一般在 0.004～0.010mm（图 5-5），其中 0.008mm 地膜占地膜总用量的 57.14%，其他厚度的地膜占地膜总用量的 42.86%；平原地区地膜铺设以机械为主，局部山区或半山区采取人工铺设；地膜幅宽 60～130cm，覆盖比例为 50%～90%，地膜用量 30～75kg/hm^2，覆膜时间一般在 4 月初至 9 月下旬；地膜回收时间为玉米收获后或第二年农田春耕时，地膜在田时间为 140～160 天或 320 天以上。地膜回收以机械回收为主，兼有少量人工回收。

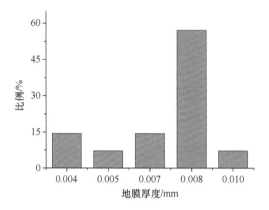

图 5-5　东北地区玉米地膜厚度应用现状

2. 地膜残留强度

东北地区玉米种植区土壤（0～20cm）地膜平均残留强度为 29.50kg/hm²（中位数为 12.60kg/hm²，变异系数为 86.25%），分布范围为 7.05～84.60kg/hm²。其中，地膜残留强度＜10kg/hm² 的占 21.43%，残留强度 10～20kg/hm² 的占 21.43%，残留强度 20～30kg/hm² 的占 35.71%，残留强度＞30kg/hm² 的占 21.43%（图 5-6）。

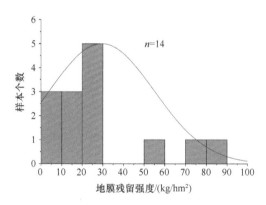

图 5-6　东北地区玉米地膜残留强度分布图
图中的曲线为地膜残留强度与样本个数的分布拟合曲线

3. 影响因素

由于东北地区玉米产区覆膜方式、残膜回收方式以及覆膜周期基本一致，覆膜年限是影响东北地区玉米地膜残留强度的主要因素（表 5-2）。在东北玉米传统种植区，农田土壤（0～20cm）的地膜残留强度与玉米覆膜年限呈正相关关系，随着地膜覆盖年限的增加，地膜残留强度不断增加。覆膜 10～20 年的农田地膜残留强度（50.52kg/hm²）是覆盖＜5 年农田（27.99kg/hm²）的 1.80 倍。

表 5-2　东北地区玉米地膜残留强度分布表

覆膜年限	种植制度	覆膜方式	地膜回收方式	地膜覆盖周期/天	地膜残留强度/（kg/hm²）
<5	玉米单作	机械/人工	机械/人工	140～160 或 320 以上	27.99
5～10	玉米单作	机械/人工	机械/人工	140～160 或 320 以上	28.34
10～20	玉米单作	机械/人工	机械/人工	140～160 或 320 以上	50.52

（二）马铃薯

马铃薯是东北地区传统粮食作物之一，根据《中国农业年鉴：2012》统计，2012 年，东北地区马铃薯播种面积达 38.77 万 hm²，占粮食播种面积的 2.02%。其中，辽宁马铃薯播种面积为 5.64 万 hm²，占粮食播种面积的 17%；黑龙江马铃薯播种面积为 25.03 万 hm²，占粮食播种面积的 17%；吉林马铃薯播种面积为 8.10 万 hm²，占粮食播种面积的 21%。

近年来，随着农业种植结构的调整，东北地区马铃薯的种植面积不断扩大，部分地区马铃薯逐步成为当地主要的经济作物。在东北地区的西部半干旱农区，光热资源较为充足，由于马铃薯适宜生长温度偏低、生育期短，因此可充分利用早春和晚秋的光热资源，增加其复种指数，提高经济效益。

1. 覆膜技术参数

马铃薯采用宽窄行起垄覆盖方式种植，大行距 70cm，小行距 40cm，每穴播 1 块种薯，株距 30～35cm，覆膜方式为机械覆膜，滴灌支管随播种一次性铺设于膜下。地膜厚度 0.005～0.008mm（图 5-7），其中，0.005mm 地膜占 16.67%，0.006mm 地膜占 66.67%，0.008mm 地膜占 16.67%。地膜颜色以白色为主，地膜幅宽为 80cm，每亩地膜用量为 3.5～4kg，覆盖比例 70%～80%。由于马铃薯是地下果实，为了不影响采收，在马铃薯收获前人工顺垄揭除地膜，地膜覆盖时间约 150 天，地膜回收方式一般为人工回收。

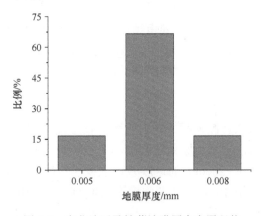

图 5-7　东北地区马铃薯地膜厚度应用现状

2. 地膜残留强度

东北地区马铃薯土壤（0~20cm）地膜平均残留强度为 25.68kg/hm² （中位数为 29.21kg/hm²），范围为 3.82~45.60kg/hm²，变异系数为 65%。其中，地膜残留强度<10kg/hm² 的占 33.33%，残留强度 20~30kg/hm² 的占 33.33%，残留强度 30~40kg/hm² 的占 16.67%，残留强度>40kg/hm² 的占 16.67%（图 5-8）。

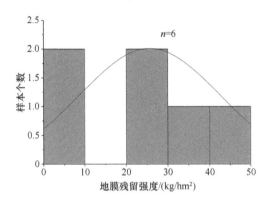

图 5-8 东北地区马铃薯地膜残留强度分布图
图中的曲线为地膜残留强度与样本个数的分布拟合曲线

3. 影响因素

东北地区马铃薯的地膜铺设、覆盖周期及地膜回收时间基本一致（表 5-3），在马铃薯传统种植区，农田土壤（0~20cm）的地膜残留强度与覆膜年限呈正相关关系，随着地膜覆盖年限的增加，农田土壤（0~20cm）地膜残留强度呈增加趋势。覆膜 10~20 年的农田地膜残留强度（45.60kg/hm²）是覆盖<5 年（29.01kg/hm²）的 1.57 倍。

表 5-3 东北地区马铃薯地膜残留强度分布表

覆膜年限	种植制度	覆膜方式	地膜回收方式	地膜覆盖周期/天	地膜残留强度/（kg/hm²）
<5	马铃薯单作	机械	人工回收	120~140	29.01
5~10	马铃薯单作	机械	人工回收	120~140	33.90
10~20	马铃薯单作	机械	人工回收	120~140	45.60

（三）花生

花生是东北地区传统种植的油料作物之一，根据《中国农业年鉴：2012》资料统计，2012 年，东北地区花生播种面积达到了 51.80 万 hm²，占粮食播种面积的 2.7%。其中，辽宁花生播种面积为 37.71 万 hm²，占粮食播种面积的 11.9%；

黑龙江花生播种面积为 2.24 万 hm²，占粮食播种面积的 0.2%；吉林花生播种面积为 11.85 万 hm²，占粮食播种面积的 2.6%。

1. 覆膜技术参数

东北地区花生种植制度为花生单作，种植密度为 14.25 万～15.75 万穴/hm²，覆膜方式为垄上覆膜，以机械或者人工方式进行覆膜。花生地膜平均用量为 44.08kg/hm²，范围为 20.25～75.00kg/hm²。花生栽培所用地膜厚度为 0.004～0.008mm（图 5-9），其中 0.005mm、0.006mm 以及 0.008mm 地膜是东北花生覆盖所用的主要地膜，占地膜用量的 77.77%；0.004mm 和 0.007mm 地膜虽然也有使用，但其用量较小，仅分别占 5.56%和 16.67%。由于花生是地下果实，为了不影响采收，在花生收获前 15 天人工顺垄揭除地膜，地膜覆盖时间为 140～160 天。

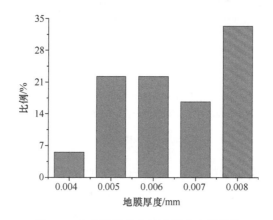

图 5-9　东北地区花生地膜厚度应用现状

2. 地膜残留强度

东北地区花生主栽区土壤（0～20cm）地膜残留强度平均为 15.89kg/hm²（中位数为 9.23kg/hm²），变异系数为 114.29%。其中，残留强度＜10kg/hm² 的占 55.56%，残留强度 10～20kg/hm² 的占 22.22%，残留强度 20～30kg/hm² 的占 11.11%，残留强度＞30kg/hm² 的占 11.11%（图 5-10）。

3. 影响因素

由于东北地区花生的地膜铺设、覆盖周期及地膜回收时间基本一致，覆膜年限成为影响东北地区花生地膜残留强度的主要因素。在花生传统种植区农田土壤（0～20cm）的地膜残留强度与花生覆膜年限呈正相关关系，随着地膜覆盖年限的增加，地膜残留强度呈增加趋势，覆膜＞20 年的农田地膜残留强度为 61.05kg/hm²，是覆盖＜10 年（9.05kg/hm²）的 6.75 倍（表 5-4）。

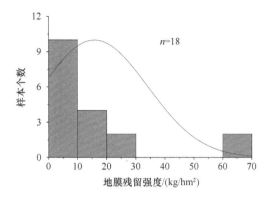

图 5-10 东北地区花生地膜残留强度分布图
图中的曲线为地膜残留强度与样本个数的分布拟合曲线

表 5-4 东北地区花生地膜残留强度分布表

覆膜年限	种植制度	覆膜方式	地膜回收方式	地膜覆盖周期/天	地膜残留强度/（kg/hm²）
<10	花生单作	人工/机械	人工回收	140~160	9.05
10~20	花生单作	人工/机械	人工回收	140~160	16.45
>20	花生单作	人工/机械	人工回收	140~160	61.05

（四）蔬菜

随着社会经济的快速发展，东北地区蔬菜种植品种日益丰富，播种面积呈快速增长趋势。根据《中国农业年鉴：2012》统计，2012 年东北地区蔬菜播种面积为 92.55 万 hm²，占粮食播种面积的 4.82%。其中，辽宁播种面积为 46.54 万 hm²，占粮食播种面积的 14.68%；吉林播种面积为 23.69 万 hm²，占粮食播种面积的 5.21%；黑龙江播种面积为 22.32 万 hm²，占粮食播种面积的 1.94%。

1. 覆膜技术参数

东北地区蔬菜种类日益丰富，主要蔬菜种类包括白菜、豆角、茄子、南瓜、辣椒、黄瓜等。蔬菜地膜厚度主要为 0.004mm、0.007mm 和 0.008mm（图 5-11），其中 0.008mm 地膜用量最大，占总用量的 93.18%，而 0.004mm 和 0.007mm 地膜仅在黑龙江局部地区的瓜果类蔬菜上使用，占总用量的 6.82%。地膜以白色地膜为主，兼有黑色和灰色地膜，地膜用量为 40~70kg/hm²，覆盖比例为 50%~70%。地膜采用机械或人工铺设，地膜回收以机械为主，人工捡拾为辅。

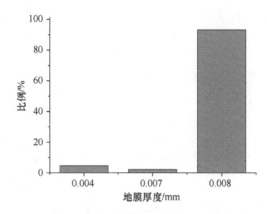

图 5-11　东北地区蔬菜地膜厚度应用现状

2. 地膜残留强度

东北地区蔬菜土壤（0～20cm）地膜残留强度平均为 18.06kg/hm^2（中位数为 11.40kg/hm^2），范围为 0.60～67.95kg/hm^2，变异系数为 95.07%。其中残留强度＜10kg/hm^2 的占 43.18%，残留强度 10～20kg/hm^2 的占 20.45%，残留强度 20～30kg/hm^2 的占 13.64%，残留强度 30～40kg/hm^2 的占 9.09%，残留强度＞40kg/hm^2 的占 13.64%（图 5-12）。

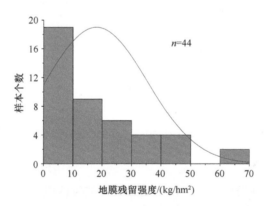

图 5-12　东北地区蔬菜地膜残留强度分布图
图中的曲线为地膜残留强度与样本个数的分布拟合曲线

从蔬菜地膜残留强度的空间分布看，辽宁（21.11kg/hm^2）＞黑龙江（18.21kg/hm^2）＞吉林（15.20kg/hm^2）＞内蒙古（东部）（14.40kg/hm^2）（表 5-5）。从蔬菜种类看，辽宁和黑龙江蔬菜种类比较丰富，包括根茎叶类和瓜果类，而吉林和内蒙古（东部）蔬菜主要是瓜果类，不仅不同地区间地膜残留强度总体上存在差异，而且同一个地区内瓜果类和根茎叶类的地膜残留强度也有所差异。例如，黑龙江瓜果类蔬菜的地膜残留强度（21.24kg/hm^2）显著高于根茎叶类蔬菜（6.69kg/hm^2）（$P<0.05$），辽宁

则是根茎叶类蔬菜的地膜残留强度（31.68kg/hm^2）显著高于瓜果类蔬菜（5.25kg/hm^2）（$P<0.05$）。

表 5-5　东北地区不同蔬菜地膜残留强度分布表　（单位：kg/hm^2）

蔬菜种类	地膜残留强度				
	黑龙江	吉林	辽宁	内蒙古（东部）	总计
根茎叶	6.69	—	31.68	18.45	20.32
瓜果	21.24	15.20	5.25	10.35	17.70
总计	18.21	15.20	21.11	14.40	18.40

第二节　华北地区地膜残留强度

一、地膜厚度及用量

华北地区使用的地膜厚度范围为 0.004～0.015mm（图 5-13），用量较大的地膜厚度为 0.004mm 和 0.008mm，占总量的 60.81%，0.005～0.007mm 地膜占总量的 37.37%，其他厚度地膜占总量的 1.82%。其中 0.004mm 和 0.005mm 的地膜主要用于花生种植，0.006mm 的地膜主要用于棉花种植，0.007mm 和 0.008mm 的地膜主要用于玉米、马铃薯和蔬菜作物种植。

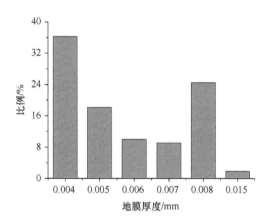

图 5-13　华北地区地膜厚度应用现状

华北地区作物地膜平均用量为 29.73kg/hm^2，变异系数为 24.09%。其中，经济作物（棉花）地膜用量为 26.07kg/hm^2，变异系数为 30.72%；粮食作物（玉米和马铃薯）地膜用量为 28.12kg/hm^2，变异系数为 18.05%；蔬菜作物地膜用量为 30.54kg/hm^2，变异系数为 20.87%；油料作物（花生）地膜用量为 33.42kg/hm^2，变异系数为 19.29%。在蔬菜作物中，葱姜蒜类地膜用量为 28.13kg/hm²；根茎叶类蔬菜地膜用量为 32.45kg/hm²，变异系数为 16.37%；瓜果类蔬菜地膜用量为 30.14kg/hm²，变异系数为 22.43%，详细情况见表 5-6。

表 5-6　华北地区不同作物地膜用量空间分布　（单位：kg/hm²）

作物类型	地膜用量							
	北京	河北	河南	内蒙古（中部）	山东	山西	天津	平均
花生	40.95	34.29	33.38	—	31.67	28.50	—	33.42
马铃薯	—	—	—	27.28	24.75	—	—	27.00
棉花	30.00	32.33	16.88	—	27.09	24.00	29.63	26.07
蔬菜/葱姜蒜	—	—	—	—	28.13	—	—	28.13
蔬菜/根茎叶	36.45	27.75	37.50	—	—	37.50	—	32.45
蔬菜/瓜果	33.75	28.92	28.75	22.50	28.13	28.74	40.00	30.14
玉米	—	49.50	37.50	26.40	—	30.45	33.75	29.03
平均	36.42	31.34	27.87	26.63	29.09	29.38	35.5	29.73

二、地膜残留总体强度

华北地区耕地土壤（0～20cm）的地膜平均残留强度为 28.00kg/hm²（中位数为 24.55kg/hm²），变异系数为 69.44%（图 5-14a）。地膜残留强度<10kg/hm² 的占 15.45%，残留强度 10～20kg/hm² 的占 25.45%，残留强度 20～30kg/hm² 的占 21.82%，残留强度 30～40kg/hm² 的占 14.55%，残留强度 40～50kg/hm² 的占 6.36%，残留强度 50～60kg/hm² 的占 7.27%，残留强度 60～70kg/hm² 的占 6.36%，残留强度 70～80kg/hm² 的占 1.82%，残留强度>80kg/hm² 的占 0.92%（图 5-14b）。

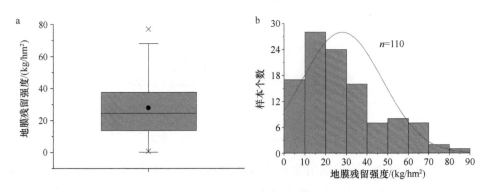

图 5-14　华北地区地膜残留强度分布

图 a 中阴影部分的圆点代表算术平均数，横线代表中位数；图 b 中的曲线为地膜残留强度与样本个数的分布拟合曲线从区域空间分布来看，华北地区地膜残留强度的空间差异比较明显（图 5-15）。河北、山东、山西和天津的耕地土壤（0~20cm）的地膜残留强度显著高于北京、内蒙古（中部）、河南（$P<0.05$），其中河北地膜残留强度显著高于山西和天津（$P<0.05$），而北京、内蒙古（中部）和河南之间没有显著差异（$P>0.05$）。造成地区间农田残膜量差异的主要原因是覆膜作物类型不同，河北、山东和山西是黄淮海平原区的主要棉花种植区，棉花种植历史较长，覆膜年限也相对较长。

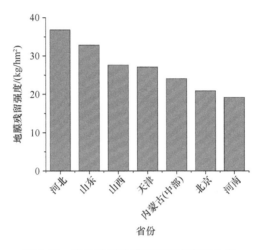

图 5-15　华北地区地膜残留强度空间分布

从作物种类看，不同作物的地膜残留强度存在显著差异（$P<0.05$）（图 5-16），在 4 种作物中，油料作物和经济作物地膜残留强度较高，分别是 31.99kg/hm^2（变异系数为 54.29%）和 31.77kg/hm^2（变异系数为 73.72%），显著高于其他作物（$P<0.05$）。蔬菜地膜残留强度处于中间水平，显著高于粮食作物（20.45kg/hm^2，

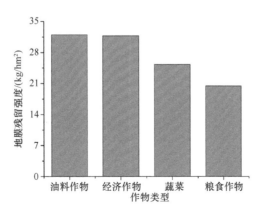

图 5-16　华北地区不同作物地膜残留强度

变异系数 70.01%）（$P<0.05$）。在蔬菜作物中，根茎叶类与瓜果类的地膜残留强度分别是 25.05kg/hm²（变异系数为 58.70%）和 25.77kg/hm²（变异系数为 80.38%），显著高于葱姜蒜类地膜残留强度（15.00kg/hm²）。

三、主要覆膜作物的地膜残留强度

（一）花生

花生是华北地区主要的油料作物之一，根据《中国农业年鉴：2012》统计，华北地区 2012 年花生播种面积为 120.03 万 hm²，占华北地区总耕地面积的 3.57%。其中，河北播种面积为 36.02 万 hm²，占耕地面积的 5.70%；山东播种面积为 79.71 万 hm²，占耕地面积的 10.60%；山西播种面积为 0.89 万 hm²，占耕地面积的 2.20%；内蒙古（东部）播种面积为 1.76 万 hm²，占耕地面积的 2.46%；河南播种面积为 1.06 万 hm²，占耕地面积的 1.33%；北京和天津虽然有花生种植，但其播种面积较小。

1. 覆膜技术参数

华北花生种植制度为一年一熟和一年两熟，种植密度为每亩 9500～10 500 穴，覆膜方式为人工或机械垄上覆膜。花生地膜用量为 60.0～75.0kg/hm²，平均为 67.50kg/hm²。花生栽培所用地膜厚度范围为 0.004～0.015mm（图 5-17），其中 0.004mm 厚度的地膜是华北花生覆盖的主要地膜，占地膜用量的 77.42%；其次是 0.008mm 的地膜，占地膜用量的 9.68%；其他厚度地膜用量较小，仅占地膜用量的 12.90%。花生收获前须进行顺垄除膜作业，覆膜周期一般为 140～160 天。

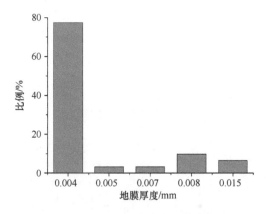

图 5-17　华北地区花生地膜厚度应用现状

2. 地膜残留强度

本次调查范围空间跨度大，气候、土壤条件多样，花生作物的种植规格、地膜用量、覆膜措施、灌溉方式等因素不同，所以地膜残留强度的空间差异较大。在本次 31 个调查样本中，华北地区花生土壤（0～20cm）地膜平均残留强度为 32.00kg/hm^2（中位数为 28.46kg/hm^2），变异系数为 54.28%。其中，残留强度＜10kg/hm^2 的占 3.23%，残留强度 10～20kg/hm^2 的占 22.58%，残留强度 20～30kg/hm^2 的占 25.81%，残留强度 30～40kg/hm^2 的占 22.58%，残留强度 40～50kg/hm^2 的占 6.45%，残留强度 50～60kg/hm^2 的占 12.90%，残留强度＞60kg/hm^2 的占 6.45%（图 5-18）。

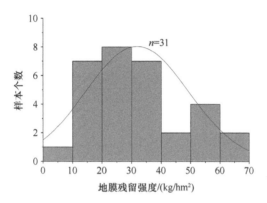

图 5-18　华北地区花生地膜残留强度分布图
图中的曲线为地膜残留强度与样本个数的分布拟合曲线

从空间分布看（图 5-19），除内蒙古东部地区和天津市缺失调查样本外，其余各省份花生农田土壤的地膜残留强度大小顺序依次是：山西（58.95kg/hm^2）＞河北（42.06kg/hm^2）＞山东（38.07kg/hm^2）＞河南（23.61kg/hm^2）＞北京（6.30kg/hm^2）。其中，山西花生地膜残留强度（0～20cm 土壤）显著高于其他几个省份（$P<0.05$），而北京花生地膜残留强度最低，显著低于其他省份（$P<0.05$）。

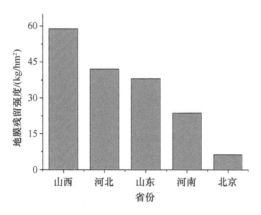

图 5-19　华北地区花生地膜残留强度空间分布

3. 影响因素

华北地区涉及 7 个省份，地域跨度大，气候类型复杂多变，包括一年一熟和一年两熟的种植制度。从种植制度来看（表 5-7），一年一熟制地膜残留强度整体上略高于一年两熟制，主要是因为地膜回收次数不同，一年两熟种植制度中耕地翻耕次数多于一年一熟制，其地膜回收次数也多。在一年两熟种植制度中，由于具体的种植模式不同，其地膜残留强度也有所差异，地膜残留强度按照从大到小的顺序依次为：花生-蔬菜（55.54kg/hm²）＞花生-红薯（37.34kg/hm²）＞花生-填闲（32.36kg/hm²）＞花生-麦类（27.27kg/hm²）。花生采收前必须先进行除膜作业，这也是花生地膜残留强度较低的主要原因。

表 5-7　华北地区花生地膜残留强度分布表

种植制度	种植模式	覆膜方式	除膜方式	覆盖周期/天	地膜残留强度/（kg/hm²）
一年两熟	花生-红薯	人工/机械	人工	140～160	37.34
	花生-麦类	人工/机械	人工	140～160	27.27
	花生-蔬菜	人工/机械	人工	140～160	55.54
	花生-填闲	人工/机械	人工	140～160	32.36
一年一熟	花生-填闲	人工/机械	人工	140～160	37.03

（二）棉花

棉花是华北地区重要的经济作物之一，据《中国农业年鉴：2012》统计，华北地区 2012 年棉花播种面积为 189.72 万 hm²，占华北地区总耕地面积的 5.65%。其中，河北播种面积为 63.254 万 hm²，占耕地面积的 10.01%；山东播种面积为 75.26 万 hm²，占耕地面积的 10.01%；山西播种面积为 5.33 万 hm²，占耕地面积的 1.31%；天津棉花播种面积为 6.00 万 hm²，占耕地面积的 15.14%；河南播种面积为 39.67 万 hm²，占耕地面积的 5.00%；北京和内蒙古（中部）虽然有棉花种植，但其播种面积较小。

1. 覆膜技术参数

华北棉花的种植模式主要有棉花单作、棉花/小麦套种、棉花-蔬菜轮作等模式。其中，河南棉花/小麦套种和河北棉花一膜双行种植是典型的种植模式，河南棉花/小麦套种模式的覆膜类型主要为黑膜、红膜、白膜，覆膜时间为 4 月中下旬至 9 月，棉花地膜幅宽 60mm，地膜覆盖比例约 30%。河北棉花一膜双行种植模式采用宽窄行种植，宽行 80～100cm，窄行 45cm 左右，采用 90cm 宽地膜一膜覆盖两行棉花，地膜幅宽 90cm，覆盖比例 40%～50%。

棉花栽培使用的地膜厚度范围为 0.004～0.008mm，其中 0.005mm 厚度的地膜是华北棉花覆盖的主要地膜，占地膜总用量的 44.83%；0.004mm 和 0.006mm 厚度的地膜占 48.28%，0.007mm 和 0.008mm 的地膜用量较小，仅占地膜总用量的 6.90%。棉花地膜平均用量为 26.07kg/hm²，范围为 9～37.5kg/hm²，变异系数为 30.72%（图 5-20）。

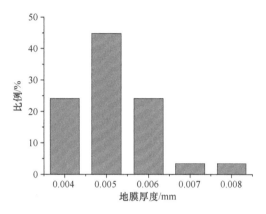

图 5-20　华北地区棉花地膜厚度应用现状

2. 地膜残留强度

华北地区棉田土壤（0～20cm）地膜残留强度平均为 31.77kg/hm²（中位数为 24.45kg/hm²），变异系数为 73.72%。其中，地膜残留强度＜10kg/hm² 的样本占 17.24%，残留强度 10～20kg/hm² 的占 27.59%，残留强度 20～30kg/hm² 的占 10.34%，残留强度 30～40kg/hm² 的占 10.34%，残留强度 40～50kg/hm² 的占 6.90%，残留强度 50～60kg/hm² 的占 10.34%，残留强度 60～70kg/hm² 的占 10.34%，残留强度 70～80kg/hm² 的占 3.45%，残留强度＞80kg/hm² 的占 3.45%（图 5-21）。

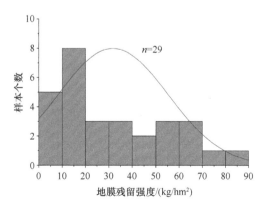

图 5-21　华北地区棉花地膜残留强度分布图

图中的曲线为地膜残留强度与样本个数的分布拟合曲线

本次调查空间范围跨度大，气候、土壤条件多样，棉花作物的种植规格、地膜用量、覆膜措施、灌溉方式等因素不同，所以地膜残留强度的空间差异也比较明显（图 5-22）。除内蒙古东部地区缺失调查样本外，各省份地膜残留强度大小顺序依次是：河北（50.07kg/hm²）＞山东（38.36kg/hm²）＞天津（19.65kg/hm²）＞河南（13.36kg/hm²）＞山西（12.30kg/hm²）＞北京（5.25kg/hm²）。其中，河北棉花地膜残留强度（0～20cm 土壤）显著高于其他几个省份（$P<0.05$），是其他省份的 1.31～9.54 倍。而北京棉花地膜残留强度最低，显著低于其他省份（$P<0.05$）。

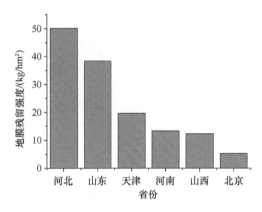

图 5-22　华北地区棉花地膜残留强度空间分布

3. 影响因素

华北地区棉花种植区主要分布在黄淮海流域，地膜残留强度的主要影响因素为棉花种植模式和地膜回收方式。其中，棉花种植模式主要影响地膜用量，地膜回收时间和回收方式主要影响地膜残留强度。在黄淮海流域主要的种植模式为棉花/小麦套种和棉花单作，棉花栽培方法也有区域性，如河南以棉花/小麦套种为主要种植模式，河北以一膜单行种植为主，山东以一膜双行栽培为主。不同种植模式的地膜残留强度差异显著（$P<0.05$），棉花/小麦套种的地膜残留强度为 13.54kg/hm²，显著低于棉花单作方式的地膜残留强度（36.52kg/hm²）（$P<0.05$）（表 5-8）。在地膜回收方式方面，河北部分地区在春耕管理或灌溉（出苗 60 天，每年 6 月中旬）时进行人工除膜，部分地区秋播时采用耙耕回收；而山东地膜则不回收。

表 5-8　华北地区棉花地膜残留强度分布表

种植模式	地膜覆盖方式	除膜方式	覆膜周期/天	地膜残留强度/（kg/hm²）
棉花/小麦套种	人工	人工	60 或 140～160	13.54
棉花单作	机械/人工	人工/不回收	60 或 140～160	36.52

（三）蔬菜

随着社会经济的快速发展，华北地区蔬菜种植品种日益丰富，播种面积呈快速增长趋势。根据《中国农业年鉴：2012》统计，2012 年，华北地区蔬菜播种面积为 532.25 万 hm^2，占华北地区总耕地面积的 15.84%。其中，河北播种面积为 115.79 万 hm^2，占耕地面积的 18.33%；山东播种面积为 179.12 万 hm^2，占耕地面积的 23.83%；山西播种面积为 22.86 万 hm^2，占耕地面积的 5.64%；天津播种面积为 8.71 万 hm^2，占耕地面积的 21.97%；河南播种面积为 172.01 万 hm^2，占耕地面积的 21.70%；内蒙古（中部）播种面积为 27.08 万 hm^2，占耕地面积的 3.79%；北京播种面积为 6.68 万 hm^2，占耕地面积的 28.83%。

1. 覆膜技术参数

华北地区蔬菜种植使用的地膜厚度范围为 0.004～0.008mm（图 5-23）。其中，0.008mm 地膜占地膜总用量的 26.67%，0.007mm 地膜占地膜总用量的 20.00%，0.006mm 地膜占地膜总用量的 13.33%，0.005mm 地膜占地膜总用量的 16.67%，0.004mm 地膜占地膜总用量的 23.33%。蔬菜地膜平均用量为 30.54kg/hm^2，范围为 15～45kg/hm^2，变异系数为 20.87%。

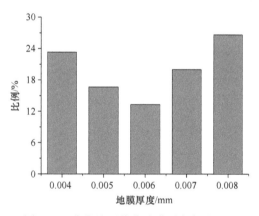

图 5-23 华北地区蔬菜地膜厚度应用现状

2. 地膜残留强度

华北地区蔬菜地膜残留强度（0～20cm 土壤）平均为 25.27kg/hm^2（中位数为 24.30kg/hm^2），变异系数为 75.78%。其中，地膜残留强度＜10kg/hm^2 的占 26.67%，残留强度 10～20kg/hm^2 的占 13.33%，残留强度 20～30kg/hm^2 的占 26.67%，残留强度 30～40kg/hm^2 的占 13.33%，残留强度 40～50kg/hm^2 的占 10.00%，残留强度 50～60kg/hm^2 的占 3.33%，残留强度 60～70kg/hm^2 的占 3.33%，残留强度＞70kg/hm^2 的占 3.33%（图 5-24）。

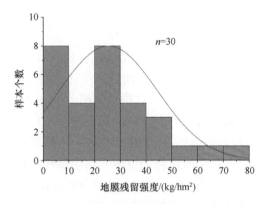

图 5-24　华北地区蔬菜地膜残留强度分布图

图中的曲线为地膜残留强度与样本个数的分布拟合曲线

从区域空间分布看，与该地区花生、棉花残膜量分布特征相似，蔬菜地膜残留强度的空间差异也比较明显（图 5-25），各省份蔬菜地膜残留强度（0～20cm土壤）大小顺序依次是：内蒙古（中部）（52.72kg/hm²）>北京（43.20kg/hm²）>天津（31.10kg/hm²）>山西（28.28kg/hm²）>河北（21.79kg/hm²）>河南（15.75kg/hm²）>山东（11.35kg/hm²）。其中，内蒙古（中部）蔬菜地膜残留强度最高，显著高于其他地区（$P<0.05$），其次为北京，天津、山西和河北三个地区蔬菜地膜残留强度没有显著性差异（$P>0.05$），山东蔬菜地膜残留强度最低，显著低于其他省份（$P<0.05$）。

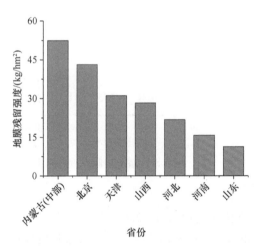

图 5-25　华北地区蔬菜地膜残留强度空间分布

本次调查的覆膜蔬菜以露地蔬菜为主，包括莴苣、花菜、白菜、番茄、茄子、辣椒、大葱、大蒜和姜类等。从蔬菜种类看（图 5-26），三类蔬菜地膜残留强度从高到低的顺序依次为：瓜果类（25.77kg/hm²）＞根茎叶类（25.05kg/hm²）＞葱姜蒜类（15.00kg/hm²）。其中，瓜果类和根茎叶类蔬菜的地膜残留强度差异不显著（$P > 0.05$），葱姜蒜类蔬菜的地膜残留强度显著低于根茎叶类和瓜果类蔬菜（$P < 0.05$）。

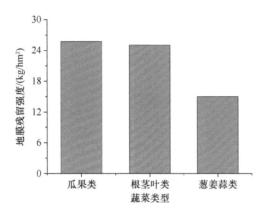

图 5-26　华北地区不同蔬菜种类地膜残留强度

第三节　华东地区地膜残留强度

一、地膜厚度及用量

华东地区包括上海、江苏、浙江、安徽、福建、江西 6 个省份，其传统种植的作物有粮食作物、经济作物、油料作物和蔬菜，经济作物和蔬菜是主要的覆膜作物，覆膜作物具体包括棉花、马铃薯、花生、根茎叶类蔬菜、瓜果类蔬菜及葱姜蒜类蔬菜等作物。华东地区使用的地膜厚度范围为 0.004~0.025mm（图 5-27），使用量较大的是 0.004mm 和 0.005mm 地膜，分别占总量的 25.68%和 43.24%，其次是 0.008mm 地膜，占总量的 5.41%，其他厚度地膜占总量的 25.67%。

华东地区作物的地膜平均用量为 36.65kg/hm²，变异系数为 22.71%。其中，粮食作物（马铃薯）地膜用量为 37.65kg/hm²，变异系数 28.74%；油料作物（花生）地膜用量为 22.50kg/hm²；经济作物（棉花和烤烟）地膜用量为 34.5kg/hm²，变异系数 28.30%；蔬菜地膜用量为 36.49kg/hm²，变异系数为 27.50%。在蔬菜作物中，葱姜蒜类地膜用量为 34.17kg/hm²，变异系数为 27.41%；根茎叶类地膜用量为 39.38kg/hm²，变异系数为 36.26%；瓜果类地膜用量为 36.31kg/hm²，变异系数为 8.70%，详细情况见表 5-9。

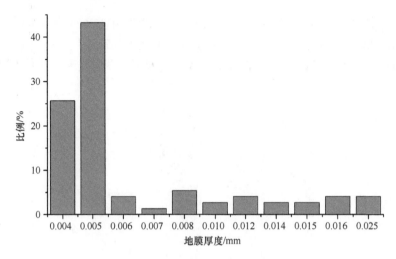

图 5-27　华东地区地膜厚度应用现状

表 5-9　华东地区不同作物地膜用量空间分布　（单位：kg/hm²）

作物类型	地膜用量					
	安徽	福建	江苏	江西	浙江	平均
花生	22.50	—	—	—	—	22.50
烤烟	—	29.25	—	—	—	29.25
马铃薯	—	—	45.30	—	30.00	37.65
棉花	41.90	—	—	7.50	—	39.75
蔬菜	36.08	65.63	33.10	31.50	39.01	36.49
平均	37.88	41.38	34.04	27.50	37.88	36.65

二、地膜残留总体强度

本次调查作物包括粮食作物、油料作物、露地蔬菜及经济作物，种植制度包括一年两熟/多熟及少量保护地栽培。在调查样本中，地膜平均残留强度为 8.37kg/hm²（中位数为 5.32kg/hm²），变异系数为 123.40%（图 5-28a），地膜残留强度<10kg/hm² 的占 75.68%，残留强度 10～20kg/hm² 的占 14.86%，残留强度 20～30kg/hm² 的占 6.76%，残留强度>30kg/hm² 的占 2.70%（图 5-28b）。

虽然华东地区各省份的气候条件和自然条件类似，但是各省份的主要作物还是有较大差异（图 5-29），地膜残留强度从大到小顺序依次为：浙江（16.15kg/hm²）> 江苏（12.15kg/hm²）> 江西（11.31kg/hm²）> 福建（5.92kg/hm²）> 安徽（5.58kg/hm²）。

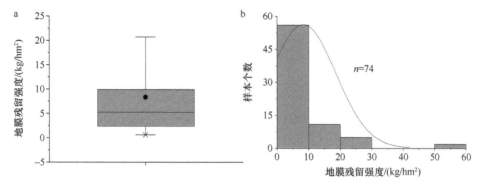

图 5-28　华东地区地膜残留强度分布

图 a 中阴影部分的圆点代表算术平均数，横线代表中位数；图 b 中的曲线为地膜残留强度与样本个数的分布拟合曲线

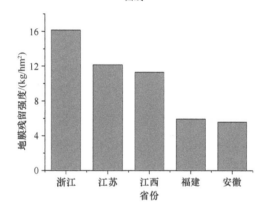

图 5-29　华东地区地膜残留强度空间分布

从覆膜作物类型看，不同作物类型间地膜残留强度存在显著差异（$P<0.05$）（图 5-30）。其中，蔬菜作物地膜残留强度最大，为 10.13kg/hm^2（变异系数 117.05%）；其次是油料作物，地膜残留强度为 9.60kg/hm^2；粮食作物地膜残留强度为 9.23kg/hm^2（变异系数 90.83%）；经济作物地膜残留强度最低，为 3.73kg/hm^2（变异系数 59.11%），显著低于其他作物类型（$P<0.05$）。在蔬菜作物中，不同类型地膜残留强度差异较小，根茎叶类蔬菜地膜残留强度为 11.02kg/hm^2（变异系数 58.48%），葱姜蒜类蔬菜地膜残留强度为 9.97kg/hm^2（变异系数 17.26%），瓜果类蔬菜地膜残留强度为 9.89kg/hm^2（变异系数 150.19%）。

三、主要覆膜作物的地膜残留强度

棉花是华东地区传统种植的经济作物，安徽、江西和浙江是华东地区的棉花主要种植区。随着社会经济的发展，福建、江苏、上海等发达省份的棉花播种面积迅速萎缩，甚至部分省份已经没有棉花种植，目前，安徽是华东地区最大的棉花种

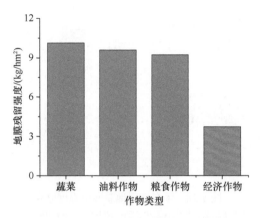

图 5-30　华东地区不同作物地膜残留强度

植区。《中国农业年鉴：2012》结果显示，2012 年安徽省棉花播种面积达到 350 400hm²，占全部耕地面积（4 184 323hm²）的 8.37%。

1. 覆膜技术参数

华东地区虽然雨量充沛，但是干湿季分明，每年 2～6 月土壤水分还是明显不足，地膜覆盖种植对春棉早期保温、保水，保墒、提墒的作用显著。棉花播种时间为 4～5 月，生长期为 4～9 月，棉花种植以宽幅地膜起垄覆盖为主，多为人工覆膜，地膜以白膜为主，地膜厚度多为 0.005mm（图 5-31），幅宽 140～160cm，地膜用量 42～45kg/hm²，覆盖比例 80%～85%。棉田灌溉方式多为大水漫灌，因此部分棉田灌溉头水前采用人工方式揭膜，覆膜周期为 60 天，也有部分棉田棉花收获后进行除膜，覆膜周期为 140～160 天。

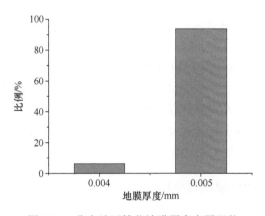

图 5-31　华东地区棉花地膜厚度应用现状

2. 地膜残留强度

调查结果表明（图 5-32），华东地区棉田土壤（0～20cm）地膜残留强度平均为 4.15kg/hm² （中位数为 3.88kg/hm²，变异系数为 54.71%）。其中，地膜残留强度<2kg/hm² 的样本占 12.50%，残留强度 2～4kg/hm² 的占 43.75%，残留强度 4～6kg/hm² 的占 18.75%，残留强度 6～8kg/hm² 的占 25.00%。

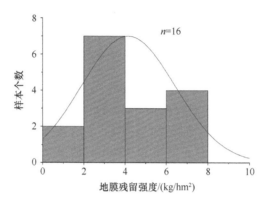

图 5-32 华东地区棉花地膜残留强度分布图
图中的曲线为地膜残留强度与样本个数的分布拟合曲线

3. 影响因素

华东地区棉花种植主要分布在安徽、江西及福建部分地区，区域内各省的棉花种植模式、地膜回收方式及灌溉措施基本一致。因此，覆膜年限成为影响棉田残膜量的主要因素之一（表 5-10）。调查结果表明，土壤地膜残留强度与覆膜年限呈正相关关系，覆膜<5 年、5～10 年以及 10～20 年棉田的地膜残留强度分别为 3.35kg/hm²、4.20kg/hm² 和 5.08kg/hm²。

表 5-10 华东地区棉花地膜残留强度分布表

覆膜年限	覆膜方式	除膜方式	灌溉方式	覆盖时间/天	地膜残留强度/（kg/hm²）
<5	人工	人工	漫灌	60 或 140～160	3.35
5～10	人工	人工	漫灌	60 或 140～160	4.20
10～20	人工	人工	漫灌	60 或 140～160	5.08

第四节 西北地区地膜残留强度

西北地区包括新疆、甘肃、陕西、宁夏、青海和内蒙古西部。西北地区地处内陆，为典型的大陆性气候，夏季炎热，冬季严寒，降水稀少，蒸发量大，全年干旱，除东部个别地区和一些高山年均降水量超过 400mm 以外，其余地区均低于 400mm，大部分地区不足 200mm。西北地区植被稀疏，沙漠广布，冬春二季多风沙，多沙尘暴天气。没有灌溉，就没有农业，在山前水源充足的地方，农作物和各种瓜果产量高，品质优良，形成了西北地区特有的绿洲农业。玉米、麦类、马铃薯是传统的粮食作物，棉花、向日葵、番茄是传统的经济作物，近年来随着节水农业技术的发展和推广，露地覆膜蔬菜播种面积在不断扩大。

一、地膜厚度及用量

西北地区使用的地膜厚度范围为 0.005～0.014mm（图 5-33），0.007mm 和 0.008mm 地膜用量较大，分别占总量的 17.83% 和 77.62%，其余厚度地膜用量占 4.55%。不同作物使用的地膜厚度不同，如甘肃玉米和蔬菜作物主要使用 0.005mm 地膜，花卉作物主要使用 0.006mm 地膜，新疆棉花作物主要使用 0.014mm 地膜。

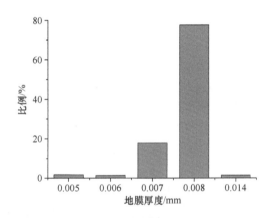

图 5-33　西北地区地膜厚度应用现状

西北地区作物的地膜平均用量 30.20kg/hm²，变异系数 16.94%。其中，蔬菜作物地膜用量 31.50kg/hm²，变异系数 16.79%；油料作物（向日葵）地膜用量 31.70kg/hm²，变异系数 14.12%；经济作物（棉花、其他）地膜用量 29.65kg/hm²，变异系数 16.16%；粮食作物（玉米和马铃薯）地膜用量 28.96kg/hm²，变异系数 18.10%。不同类型蔬菜作物中，地膜用量差别较小，葱姜蒜类地膜用量 31.76kg/hm²（变异系数 11.28%）；瓜果类地膜用量 31.72kg/hm²（变异系数 18.58%）；根茎叶类地膜用量 30.60kg/hm²（变异系数 13.57%），详细情况见表 5-11。

表 5-11　西北地区不同作物地膜用量空间分布　（单位：kg/hm²）

作物类型	地膜用量						
	甘肃	宁夏	青海	陕西	新疆	内蒙古（西部）	平均
马铃薯	36.25	30.00	26.25	33.13	—	—	32.50
棉花	36.67	—	—	22.50	29.23	—	29.73
其他	25.31	37.50	—	—	—	—	27.75
蔬菜	33.82	31.64	27.90	56.25	29.16	—	31.50
向日葵	32.25	—	—	—	—	26.25	31.70
玉米	28.54	—	26.25	27.78	—	26.25	28.07
平均	31.60	31.67	27.63	32.73	29.21	26.25	30.20

二、地膜残留总体强度

　　西北地区耕地土壤（0～20cm）的地膜平均残留强度为 60.04kg/hm²（中位数为 36.30kg/hm²，变异系数为 102.24%）(图 5-34a)。其中，地膜残留强度＜50kg/hm² 的占 55.59%，残留强度 50～100kg/hm² 的占 23.78%，残留强度 100～150kg/hm² 的占 13.29%，残留强度 150～200kg/hm² 的占 2.80%，残留强度 200～250kg/hm² 的占 2.80%，残留强度 250～300kg/hm² 的占 1.40%，残留强度＞300kg/hm² 的占 0.34%（图 5-34b）。

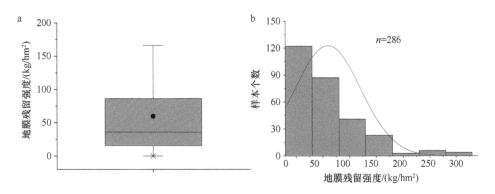

图 5-34　西北地区地膜残留强度分布

图 a 中阴影部分的圆点代表算术平均数，横线代表中位数；图 b 中的曲线为地膜残留强度与样本个数的分布拟合曲线

　　虽然西北地区各省份的气候条件及自然条件类似，但其主要种植作物存在较大差异，导致各省份间地膜残留强度差异较大（图 5-35）。新疆地膜残留强度为 99.02kg/hm²，变异系数 62.93%；甘肃地膜残留强度为 33.57kg/hm²，变异系数 118.42%；内蒙古（西部）地膜残留强度为 22.71kg/hm²，变异系数 52.94%；陕西地

膜残留强度为 13.80kg/hm^2, 变异系数 98.57%; 宁夏地膜残留强度为 16.04kg/hm^2, 变异系数 77.67%; 青海地膜残留强度为 0.84kg/hm^2, 变异系数 60.16%。其中,新疆地区农田地膜残留强度最高,显著高于其他 5 个地区($P<0.05$),主要原因是新疆地膜用量大,覆膜历史最悠久。

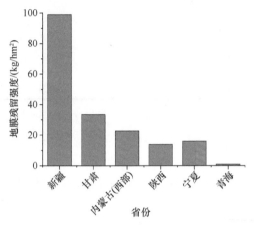

图 5-35　西北地区地膜残留强度空间分布

从作物类型上看,西北地区各作物的土壤（0~20cm）地膜残留强度存在显著差异（$P<0.05$）（图 5-36）。其中,经济作物地膜残留强度为 100.29kg/hm^2, 变异系数 67.03%; 蔬菜作物地膜残留强度为 38.65kg/hm^2, 变异系数 105.34%; 粮食作物的地膜残留强度为 28.76kg/hm^2, 变异系数 112.21%; 油料作物的地膜残留强度为 27.70kg/hm^2, 变异系数 74.44%。不同蔬菜作物地膜残留强度有所差异,瓜果类地膜残留强度最高,为 31.21kg/hm^2（变异系数 93.72%）; 其次是根茎叶类,地膜残留强度为 25.70kg/hm^2（变异系数 150.50%）; 葱姜蒜类地膜残留强度最低,为 20.74kg/hm^2（变异系数 90.14%）。

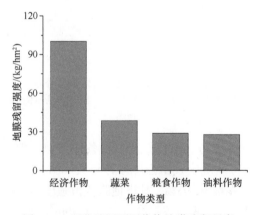

图 5-36　西北地区不同作物地膜残留强度

三、主要覆膜作物的地膜残留强度

（一）棉花

棉花是西北地区新疆、陕西和甘肃主要种植的经济作物之一，据 2012 年各省份农业年鉴统计，西北地区 2012 年棉花播种面积为 173.64 万 hm^2，占耕地面积的 16.55%。其中，新疆棉花播种面积达到 163.81 万 hm^2，占耕地面积的 39.71%；甘肃棉花播种面积达到 4.80 万 hm^2，占耕地面积的 1.37%；陕西棉花播种面积达到 5.03 万 hm^2，占耕地面积的 1.76%。

1. 覆膜技术参数

西北地区棉花覆盖的地膜厚度范围为 0.007～0.014mm（图 5-37），其中 0.008mm 地膜占总量的 60.33%，0.007mm 地膜占总量的 36.36%，0.014mm 地膜占总量的 3.31%。地膜平均使用量为 57.70kg/hm^2，其中甘肃地膜平均使用量为 73.33kg/hm^2，陕西地膜平均使用量为 45.00kg/hm^2，新疆地膜平均使用量为 56.55kg/hm^2。

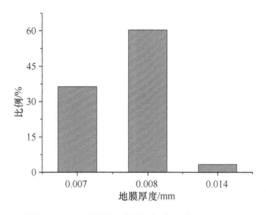

图 5-37 西北地区棉花地膜厚度应用现状

2. 地膜残留强度

西北地区棉田土壤（0～20cm）地膜残留强度平均为 104.07kg/hm^2，空间变异系数为 63.32%（图 5-38）。其中，地膜残留强度＜50kg/hm^2 的占 14.88%，残留强度 50～100kg/hm^2 的占 42.15%，残留强度 100～150kg/hm^2 的占 27.27%，残留强度 150～200kg/hm^2 的占 4.96%，残留强度 200～250kg/hm^2 的占 6.61%，残留强度 250～300kg/hm^2 的占 3.31%，残留强度＞300kg/hm^2 的占 0.82%。

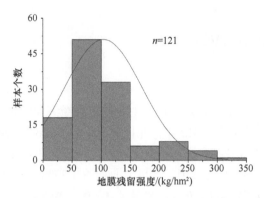

图 5-38　西北地区棉花地膜残留强度分布图
图中的曲线为地膜残留强度与样本个数的分布拟合曲线

从空间分布来看，新疆、甘肃和陕西是西北地区棉花的种植区，地区间棉花的种植模式、灌溉方法、管理措施各不相同，造成各省份之间的地膜残留强度存在较大差异。新疆、甘肃、陕西地膜残留强度分别为 110.13kg/hm²、58.43kg/hm²、17.85kg/hm²（图 5-39），其中新疆棉花地膜残留强度最高，分别是甘肃和陕西地膜残留强度的 1.88 倍和 6.17 倍，差异达到显著水平（$P<0.05$），甘肃棉田地膜残留强度又显著高于陕西（$P<0.05$）。

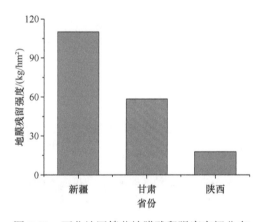

图 5-39　西北地区棉花地膜残留强度空间分布

3. 影响因素

西北地区的种植制度为一年一熟，以棉花单作为主，由于西北地区年均降水量少、蒸发量大、昼夜温差大，棉花覆膜的目的是在棉花种植期保水和保温，所以地膜覆盖以全膜覆盖（地膜宽度 140～170cm）为主，且在作物整个生长周期内地膜一直覆盖地面。在这些基本条件相对一致的情况下，土壤地膜残留强度与地膜覆盖年限呈正相关（表 5-12），覆膜＞20 年的农田残膜量（120.71kg/hm²）是覆膜<5年的残膜量（66.57kg/hm²）的1.81倍。同时，西北地区棉田残膜量显著高于华北地区（$P<0.05$），主要是因为西北地区地广人稀、人均耕地面积大、个体土地经营规模较大，所以地膜自覆盖后一直要到次年春耕时采用机械回收方式进行回收。在地里越冬的地膜，由于受到冻土、冰雪等极端气候的影响，破碎速度加快，直接影响了回收效率。

表5-12　西北地区棉花地膜残留强度分布表

覆膜年限	覆盖比例/%	覆膜方式	地膜覆盖时间/天	地膜残留强度/（kg/hm²）
<5	74.19	机械/人工	140~160或大于300	66.57
5~10	70.47	机械/人工	140~160或大于300	102.43
10~20	72.19	机械/人工	140~160或大于300	104.48
>20	73.86	机械/人工	140~160或大于300	120.71

（二）加工番茄

新疆光热资源丰富，适合多种作物的栽培。其气候凉爽、光照充足、昼夜温差大，使番茄具有较高的色素和可溶性固形物含量；同时，该地区降水量少、空气干燥以及发展灌溉农业，减少病虫害的发生及烂果，并能进行无支架栽培。因此，准噶尔盆地南缘和塔里木盆地北缘的大片内陆地区成为世界上适宜种植番茄的区域之一。加工番茄比普通栽培番茄略小，一般30~120g，果皮比普通栽培番茄厚，具有耐贮藏、耐运输的特点，主要用途是送入加工厂加工处理，加工产品主要是番茄酱，另有番茄干、番茄粉、番茄红素等产品。目前，新疆加工番茄主产区基本分布在以下三个区域：①气候冷凉的天山北麓前山温和半旱区；②准噶尔盆地中南部温暖干旱区；③博斯腾湖温暖湿润区。近年来，在番茄加工产品的畅销推动下，新疆加工番茄的种植规模一直在扩大，2002年播种面积为93.6万亩，2008播种面积增加到118万亩，2012年播种面积超过了160万亩，并且播种面积还有增加的趋势。

1. 覆膜技术参数

加工番茄通常有三种种植模式：①常规模式，一膜双行种植模式，地膜幅宽90cm，膜上行距55~60cm，膜间行距55~60cm。②单沟单行，一膜单行种植模式，地膜幅宽60~70cm，膜心距离90~100cm。③宽垄双行，采用65~120cm的薄膜膜下条播或膜上点播，沟心距140~160cm，一膜双行，膜上行距40~50cm。在渗水和保水性好、浇灌方便的地块或下潮地及采用节水灌溉的地块可采用此模式。本次调查基本上为第①和第②种植模式，地膜厚度均为0.008mm，地膜平均用量为29.16kg/hm²，变异系数为6.08%。

2. 地膜残留强度

西北地区加工番茄地膜平均残留强度为 48.65kg/hm² (中位数为 50.32kg/hm²,空间变异系数为 40%) (图 5-40)。其中,地膜残留强度<20kg/hm² 的占 8.33%,残留强度 20~30kg/hm² 的占 12.50%,残留强度 30~40kg/hm² 的占 16.67%,残留强度 40~50kg/hm² 的占 12.50%,残留强度 50~60kg/hm² 的占 4.17%,残留强度 60~70kg/hm² 的占 37.50%,残留强度>70kg/hm² 的占 8.33%。

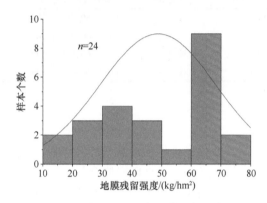

图 5-40　西北地区加工番茄地膜残留强度分布图
图中的曲线为地膜残留强度与样本个数的分布拟合曲线

3. 影响因素

在加工番茄的三种不同种植模式中,我们仅监测了其中两种,即一膜单行的种植模式和一膜双行的传统种植模式。两种种植模式的主要差别为地膜用量和地膜幅宽,而其他田间管理及灌溉措施都一致。两种种植模式的土壤地膜残留强度有明显差异,一膜双行种植模式的地膜残留强度为 56.30kg/hm²,显著高于一膜单行种植模式 (40.99kg/hm²) ($P<0.05$)。它们之间的差异可能是因为一膜双行种植模式地膜用量大,造成土壤残膜量相应增加,并且该种植模式中植物对地膜的破坏强度大,加速了地膜破碎 (表 5-13)。

表 5-13　西北地区加工番茄地膜残留强度分布表

种植模式	覆膜作物带宽/cm	地膜用量/ (kg/hm²)	地膜残留强度/ (kg/hm²)
一膜单行	50~60	28.32	40.99
一膜双行	90~100	30.00	56.30

(三) 向日葵

向日葵是我国传统的油料作物,甘肃作为我国向日葵主产区之一,具有一定规模的播种面积。2000 年以前，甘肃向日葵播种面积维持在 12 000hm² 内，自 2000 年以来，随着种植技术的进步，向日葵产量及经济效益得到了显著的提高，向日葵播种面积快速增加，2012 年，甘肃向日葵播种面积为 35 800hm²，与 2001 年相比，甘肃向日葵播种面积增加了 23 000hm²。

1. 覆膜技术参数

甘肃向日葵种植模式主要为向日葵-填闲和向日葵-其他两种模式，向日葵种植使用 0.008mm 地膜，平均地膜用量为 64.50kg/hm²，变异系数为 13.89%。

2. 地膜残留强度

平均地膜残留强度为 24.84kg/hm²，变异系数为 73.13%（表 5-14）。

表 5-14　甘肃向日葵地膜残留强度分布表

种植模式	覆膜年限	覆膜作物带宽/cm	覆膜比例/%	地膜厚度/mm	地膜用量/（kg/hm²）	地膜残留强度/（kg/hm²）
向日葵-填闲	5～10	120	75.00	0.008	37.50	12.2
向日葵-填闲	10～20	120	75.00	0.008	30.00	20.9
向日葵-填闲	10～20	145	82.86	0.008	37.50	26.4
向日葵-其他	5～10	140	87.50	0.008	33.75	5.9
向日葵-其他	>20	140	82.35	0.008	26.25	9.8
向日葵-其他	>20	140	87.50	0.008	37.50	15.8
向日葵-其他	>20	140	87.50	0.008	33.75	26.1
向日葵-其他	>20	140	77.78	0.008	30.00	29.9
向日葵-其他	10～20	140	82.35	0.008	27.75	31.2
向日葵-其他	>20	110	64.71	0.008	28.50	70.2

（四）玉米

玉米是西北地区主要的粮食作物，由于甘肃的自然条件和气候条件的限制，20 世纪 90 年代前甘肃玉米播种面积稳定在 30 万 hm² 左右，随着农业技术的发展、地膜覆盖技术的普遍应用，甘肃玉米播种面积不断扩大。到 2012 年，甘肃玉米播种面积达到了 83.8 万 hm²，与 90 年代相比增加了 53.80 万 hm²。

1. 覆膜技术参数

甘肃玉米种植制度主要为一年一熟制，少数地区为一年两熟制，一年两熟种植区的主要种植模式为玉米-小麦轮作。甘肃玉米覆膜栽培技术主要有两种方式：第一种是全膜双垄沟播栽培技术，地膜幅宽 140cm，地膜用量 45.0～53.5kg/hm²，覆盖比例 90%～100%；第二种是垄膜沟灌栽培技术，地膜幅宽 90cm 或 140cm，地膜用

量 37.5～75kg/hm²，覆盖比例约 75%或 100%。调查样本中玉米栽培地膜厚度为
0.005～0.008mm（图 5-41），地膜幅宽主要是 70cm 和 140cm，地膜用量 37～75kg/hm²。

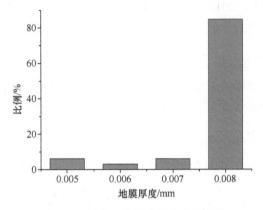

图 5-41　甘肃玉米地膜厚度应用现状

2. 地膜残留强度

甘肃玉米农田土壤的地膜平均残留强度为 34.40kg/hm²（中位数为 35.20kg/hm²，
变异系数为 102.17%）。其中，地膜残留强度＜20kg/hm² 的占 42.42%，残留强度
20～40kg/hm² 的占 33.33%，残留强度 40～60kg/hm² 的占 12.12%，残留强度 60～
80kg/hm² 的占 3.03%，残留强度 120～140kg/hm² 的占 6.06%，残留强度＞140kg/hm²
的占 3.04%（图 5-42）。

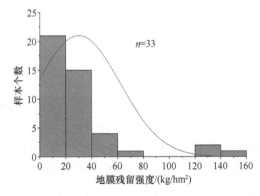

图 5-42　甘肃玉米地膜残留强度分布图
图中的曲线为地膜残留强度与样本个数的分布拟合曲线

3. 影响因素

对于甘肃玉米而言，其种植制度和种植模式均对地膜残留强度有一定的影响
（表 5-15）。在一年一熟的种植制度下，采用轮作种植模式可以显著降低地膜残留

强度。在一年两熟种植制度下，种植管理精细程度将影响地膜残留强度，种植管理越精细，地膜残留强度就越低。从种植模式看，地膜残留强度从高到低的种植模式依次是：玉米-填闲（41.31kg/hm^2）、玉米-麦类（39.11kg/hm^2）、玉米-蔬菜（25.20kg/hm^2）和玉米-休闲（21.67kg/hm^2）。其中，玉米-填闲种植模式的地膜残留强度最高，主要是因为玉米收获后地块处于撂荒状态，并没有在秋收玉米时进行除膜作业，所以当季地膜是否回收是影响地膜残留的重要因素。

表 5-15　甘肃玉米地膜残留强度分布表

种植制度	种植模式	覆膜方式	覆膜比例/%	地膜覆盖时间/天	地膜残留强度/（kg/hm^2）
一年两熟	玉米-麦类	人工/机械	71.25	140～160	39.11
	玉米-蔬菜	人工/机械	58.33	140～160	25.20
一年一熟	玉米-休闲	人工/机械	67.30	140～160 或＞300	21.67
	玉米-填闲	人工/机械	64.41	140～160 或＞300	41.31

第五节　西南地区地膜残留强度

西南地区包括重庆、四川、贵州、云南、西藏等 5 个省份，降水较多。但由于地理位置和海拔的变化，其微气候各不相同，例如，重庆地区四季雨水均较充沛，尤其是夏季、秋季降水量较大。而云南、四川部分地区却有干旱河谷，如汶川、元谋等属于干热河谷地。降水量持续时间的长短也因时因地而有所不同。玉米、麦类、水稻、油菜及马铃薯等作物是该地区传统种植的粮食作物，烤烟、花生、甘蔗、向日葵等作物是传统种植的经济作物，蔬菜适应面积广、播种面积广。

一、地膜厚度及用量

西南地区作物应用的地膜厚度范围较广，为 0.004～0.025mm（图 5-43），但72.22%的地膜用量分布在 0.005～0.008mm，其中，0.008mm 地膜应用最广，占总量的 26.85%，其次是 0.005mm，占总量的 19.44%。

从作物类型看，不同作物的地膜用量平均为 37.65kg/hm^2，变异系数为 30.08%（表 5-16）。其中，经济作物（烤烟、其他）地膜用量为 33.73kg/hm^2，变异系数23.65%；粮食作物（玉米、马铃薯）地膜用量为 33.67kg/hm^2，变异系数 27.58%；蔬菜作物地膜用量为 39.41kg/hm^2，变异系数 33.78%；油料作物（花生）地膜用量为 30.60kg/hm^2，变异系数 10.44%。不同蔬菜作物类型，其地膜用量有所差异，根茎叶类地膜用量最大，为 46.11kg/hm^2（变异系数 33.85%）；其次是瓜果类，地膜用量为 36.16kg/hm^2（变异系数 29.20%）；葱姜蒜类地膜用量最小，为 26.25kg/hm^2（变异系数 28.56%）。

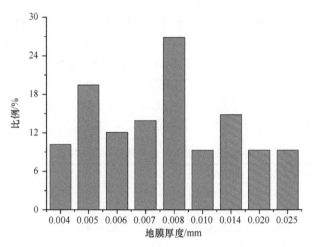

图 5-43　西南地区地膜厚度应用现状

表 5-16　西南地区不同作物地膜用量空间分布　（单位：kg/hm²）

作物类型	地膜用量				
	贵州	四川	云南	重庆	平均
花生	30.60	—	—		30.60
烤烟	27.56	42.00	36.56	26.44	34.21
马铃薯	—		—	32.63	32.63
蔬菜	36.31	43.13	46.24	39.08	39.41
玉米	38.67	41.77	33.30	40.13	39.11
其他	—	—	—	23.63	23.63
平均	35.39	42.15	40.62	35.78	37.65

二、地膜残留总体强度

西南地区耕地土壤（0~20cm）地膜残留强度分布范围为 0.15~72.54kg/hm²，平均值为 8.52kg/hm²（中位数为 5.01kg/hm²，变异系数为 129.57%）（图 5-44a）。其中，地膜残留强度<10kg/hm² 的占 67.59%，残留强度 10~20kg/hm² 的占 26.85%，残留强度 20~30kg/hm² 的占 1.85%，残留强度 30~40kg/hm² 的占 0.93%，残留强度>40kg/hm² 的占 2.78%（图 5-44b）。

虽然西南地区各省份的气候条件及自然条件类似，都是以山区为主，小气候及立体气候特点明显，但其主要种植作物的地膜残留强度存在显著性差异（$P<0.05$）（图 5-45）。各省份地膜残留强度从大到小的顺序依次为：云南 14.39kg/hm²（变异系数 122.35%）>四川 13.86kg/hm²（变异系数 95.04%）>贵州 6.22kg/hm²（变异系数 73.59%）>重庆 3.05kg/hm²（变异系数 129.29%）。其中，云南和四川两个省份的地膜残留强度较高，显著高于重庆和贵州（$P<0.05$），其中贵州地膜残留强度又显著高于重庆（$P<0.05$）。

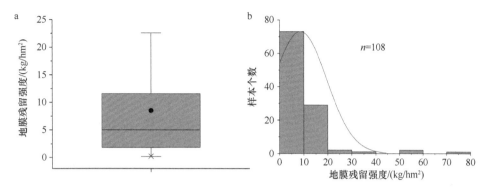

图 5-44　西南地区地膜残留强度分布

图 a 中阴影部分的圆点代表算术平均数，横线代表中位数；图 b 中的曲线为地膜残留强度与样本个数的分布拟合曲线

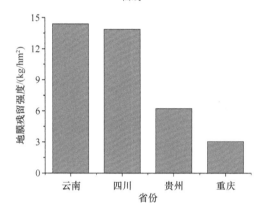

图 5-45　西南地区地膜残留强度空间分布

从作物种类来看，西南地区各作物类型的地膜残留强度存在显著差异（$P<$ 0.05）（图 5-46）。其中，经济作物地膜残留强度最高，为 12.45kg/hm²，显著高于其

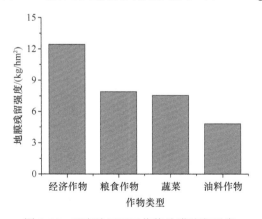

图 5-46　西南地区不同作物地膜残留强度

余作物（$P<0.05$），粮食作物地膜残留强度（7.90kg/hm^2）略高于蔬菜（7.55kg/hm^2），二者显著高于油料作物（4.83kg/hm^2）（$P<0.05$）。

三、主要覆膜作物的地膜残留强度

（一）烤烟

烤烟是西南地区主要的经济作物之一，该地区自 20 世纪 50 年代开始种植烤烟，并逐步推广，逐步形成了云南的支柱型产业。据相关统计年鉴表明，1952 年云南烤烟播种面积为 3450hm^2，到 80 年代初期发展到 10 万 hm^2，发展速度相对较缓慢，80 年代中后期，地膜技术得到了推广应用，扩大了烤烟的种植区域，烤烟播种面积迅速扩大，年增长率达到 12.15%。1996 年云南烤烟播种面积达 55.0 万 hm^2，达到了历史最高水平。1997 年国家对云南烤烟种植从政策方面进行了调控，实行"双控政策"，即控制播种面积和控制产量，自此以后，云南烤烟播种面积维持在 30 万～50 万 hm^2。近年来，随着社会经济的发展，烤烟种植区域有向低纬度地区转移的趋势，在低纬度区域，由于热量充足，烤烟的种植以冬季烤烟为主。在传统的烤烟种植区域，烤烟的种植时间为 4 月中旬至 9 月下旬，属于夏季作物。其主要种植模式有烤烟-麦类、烤烟-蔬菜及烤烟-填闲，其中高海拔区域以烤烟-填闲种植模式为主，低海拔区域以烤烟-麦类种植模式为主，在低海拔水源、热量充足的地区以烤烟-蔬菜种植模式为主。

1. 覆膜技术参数

云南烤烟覆盖栽培措施以宽膜起垄覆盖为主。烤烟覆膜作用大致可分为三类：一是低海拔地区在苗期保水抗旱，团棵期后进行揭膜；二是高海拔地区增加土壤积温，整个烤烟生长周期都不揭膜；三是在苗期保水抗旱和增加土壤积温，整个烤烟生长期间都不揭膜。烤烟地膜主要有黑膜（可防治杂草）和白膜两种，近年来由于自然干旱的影响，膜下小苗移栽技术推广力度较大，黑色地膜的应用面积正迅猛增加。地膜厚度 0.004～0.008mm，其中 0.006mm 地膜占地膜总量的 70%以上，地膜宽度 110～120cm，覆膜时间为每年 4 月底到 9 月，地膜用量 60～80kg/hm^2，覆盖比例约 75%。由于各个地方的覆膜目的不同，其覆膜周期也不同。覆膜方式为宽幅起垄覆盖，地膜铺设方式为人工铺设，地膜回收方式为人工回收。

2. 地膜残留强度

云南烤烟地土壤（0～20cm）平均地膜残留强度为 25.92kg/hm^2，范围在 2.36～72.54kg/hm^2，变异系数为 100.19%。不同种植模式的地膜残留强度不同，烤烟-麦类种植模式最高（32.88kg/hm^2），显著高于烤烟-填闲和烤烟-蔬菜种植模式（$P<0.05$），详见表 5-17。

表 5-17　云南烤烟各种植模式下地膜残留强度

种植模式	覆膜比例/%	地膜用量/（kg/hm^2）	地膜残留强度/（kg/hm^2）
烤烟-麦类	75.00	78.00	32.88
烤烟-填闲	75.00	60.00	18.00
烤烟-蔬菜	71.00	67.50	12.47

（二）玉米

玉米是西南地区的主要粮食作物之一，该地区玉米播种面积为 407.16 万 hm^2，占总耕地面积的 28.96%。其中，云南玉米播种面积为 145.69 万 hm^2，占总耕地面积的 34.44%；四川玉米播种面积为 137.11 万 hm^2，占总耕地面积的 34.35%；贵州玉米播种面积为 77.52 万 hm^2，占总耕地面积的 44.17%；重庆玉米播种面积为 46.84 万 hm^2，占总耕地面积的 20.92%。

1. 覆膜技术参数

西南地区海拔跨度大、立体气候明显、小环境气候突出，导致地膜作用多样化。西南地区玉米种植制度以一年两熟制为主，少数地区为一年一熟制。一年两熟种植区的主要种植模式为玉米-小麦、玉米-蔬菜、玉米-油菜等。地膜的颜色主要有白色和黑色，地膜厚度为 0.004～0.014mm（图 5-47），其中，0.005～0.008mm 地膜是主要使用的地膜，占地膜总用量的 88.89%，0.004mm 和 0.014mm 地膜应用比较少，仅占地膜总用量的 11.11%。

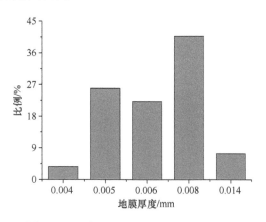

图 5-47　西南地区玉米地膜厚度应用现状

西南地区玉米地膜平均用量为 39.11kg/hm^2，不同省份的地膜用量有所差异（表 5-18）。其中，贵州地膜用量为 38.67kg/hm^2，四川地膜用量为 41.77kg/hm^2，云南地膜用量为 33.33kg/hm²，重庆地膜用量为 40.13kg/hm²。从玉米的种植模式来看，玉米的不同种植模式下地膜用量是不同的，玉米-薯类轮作方式地膜用量最大，为 42.38kg/hm²，玉米-油菜轮作和玉米-填闲方式地膜用量最小，为 30.00kg/hm²。

表 5-18　西南地区玉米地膜用量情况　　　（单位：kg/hm²）

种植模式	地膜用量				
	贵州	四川	云南	重庆	平均
玉米-麦类	41.14	35.81	35.25	35.63	38.33
玉米-蔬菜	—	43.75	27.45	—	41.42
玉米-薯类	—	—	—	42.38	42.38
玉米-填闲	30.00	—	—	—	30.00
玉米-油菜	30.00	—	—	—	30.00
平均	38.67	41.77	33.33	40.13	39.11

2. 地膜残留强度

西南地区玉米农田土壤（0~20cm）的地膜平均残留强度为 8.13kg/hm²（中位数为 4.63kg/hm²，变异系数为 104.58%）（图 5-48）。其中，地膜残留强度＜5kg/hm² 的占 51.85%，残留强度 5~10kg/hm² 的占 14.81%，残留强度 10~15kg/hm² 的占 14.81%，残留强度 15~20kg/hm² 的占 14.81%，残留强度＞20kg/hm² 的占 3.70%。

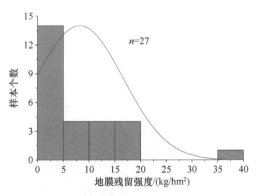

图 5-48　西南地区玉米地膜残留强度分布图
图中的曲线为地膜残留强度与样本个数的分布拟合曲线

3. 影响因素

不同玉米种植模式的地膜残留强度不同（图 5-49），总体来说，冬季种植庄稼地块的地膜残留强度明显低于冬季休闲的地块，冬季种植越精细的作物，地膜残留强度就越小。在西南地区玉米主要种植模式中，地膜残留强度大小顺序依次为：玉米-休闲（18.20kg/hm²）＞玉米-蔬菜（15.16kg/hm²）＞玉米-油菜（12.17kg/hm²）＞玉米-麦类（5.80kg/hm²）＞玉米-薯类（0.43kg/hm²）。

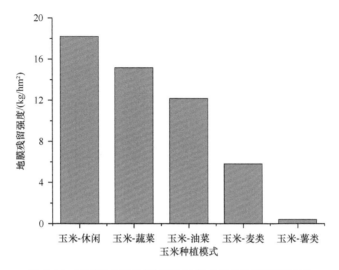

图 5-49 西南地区不同玉米种植模式下的地膜残留强度

（三）蔬菜

随着社会经济的快速发展，西南地区蔬菜种植品种日益丰富，播种面积呈快速增长趋势。根据《中国农业年鉴：2012》统计，2012 年西南地区蔬菜播种面积为 348.47 万 hm²，占耕地面积的 24.79%。其中，云南播种面积为 80.38 万 hm²，占耕地面积的 19.00%；四川播种面积为 125.39 万 hm²，占耕地面积的 31.41%；贵州播种面积为 77.43 万 hm²，占耕地面积的 44.12%；重庆播种面积为 65.27 万 hm²，占耕地面积的 29.15%。

1. 覆膜技术参数

西南蔬菜以露地蔬菜为主，复种指数为 1～3，覆膜频次为 1～2 次，春季和冬季是主要的覆膜季节，主要蔬菜种类有根茎叶类、瓜果类及葱姜蒜类等。每年 10 月到次年 5 月，土壤水分还是明显不足，地膜覆盖技术发挥着不可替代的作用。露地蔬菜主要覆膜时间为每年 10 月到次年 5 月，其间种植两茬露地蔬菜。露地蔬菜覆盖地膜的颜色主要有白色、黑色，以及少数的特殊地膜，地膜规格与当地农民种植习惯、土壤、气候条件等因素相关。总体而言，西南地区使用地膜厚度在 0.004～0.025mm，其中 0.007mm、0.008mm 和 0.014mm 地膜是主要使用的地膜，占地膜总用量的 75%，其余厚度地膜用量占 25%（图 5-50）。

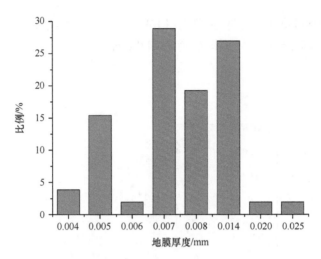

图 5-50　西南地区蔬菜地膜厚度应用现状

西南地区蔬菜的地膜平均用量为 39.41kg/hm²，不同省份的地膜用量存在差异（表 5-19）。云南蔬菜的地膜平均用量为 46.24kg/hm²，四川蔬菜的地膜平均用量为 43.13kg/hm²，重庆蔬菜的地膜平均用量为 39.08kg/hm²，贵州蔬菜的地膜平均用量为 36.31kg/hm²。不同种类蔬菜的地膜用量也不同，根茎叶类地膜用量最大，为 46.11kg/hm²，其次是瓜果类，地膜用量为 36.16kg/hm²，葱姜蒜类地膜用量最小，为 26.25kg/hm²。

表 5-19　西南地区蔬菜地膜用量情况　　　　（单位：kg/hm²）

蔬菜种类	地膜用量				
	贵州	四川	云南	重庆	平均
葱姜蒜	—	—	26.25	—	26.25
根茎叶	—	47.50	49.43	40.43	46.11
瓜果	36.41	30.00	37.50	36.38	36.16
平均	36.31	43.13	46.24	39.08	39.41

2. 地膜残留强度

西南地区菜地土壤（0～20cm）的地膜平均残留强度为 7.55kg/hm²（中位数为 4.97kg/hm²，变异系数为 107.37%）（图 5-51）。其中，地膜残留强度<5kg/hm² 的占 51.92%，残留强度 5～10kg/hm² 的占 9.62%，残留强度 10～15kg/hm² 的占 30.77%，残留强度 15～20kg/hm² 的占 5.77%，残留强度>20kg/hm² 的占 1.92%。

由于该地区作物收获后，地膜人工捡拾回收，挖田时再捡出残留在土壤中的地膜，地膜回收率较高，因此残留在土壤中的地膜较少，地膜残留强度分布范围为 6.80～13.35kg/hm²，其中，葱姜蒜类地膜残留强度最高，为 13.35kg/hm²，瓜果类地膜残留强度最低，为 6.80kg/hm²（表 5-20）。

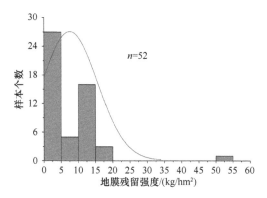

图 5-51　西南地区蔬菜地膜残留强度分布图
图中的曲线为地膜残留强度与样本个数的分布拟合曲线

表 5-20　西南地区蔬菜地膜残留强度分布表

作物种类	铺设频次/次	地膜幅宽/cm	地膜残留强度/（kg/hm²）
葱姜蒜	1～2	山地 60，平地 160～180	13.35
根茎叶	1～2	山地 60，平地 160～180	8.61
瓜果	1～2	山地 60，平地 160～180	6.80

第六节　中南地区地膜残留强度

中南地区包括湖北、湖南、广西、广东及海南 5 个省份，包括江汉平原和长江中上游山地丘陵区，气候湿润多雨，年均降水量 1000～1500mm。长江中上游山地丘陵区气候条件与西南地区相似，江汉平原区的棉花种植规模虽然有所减少，但该地区是我国棉花种植的先驱者。中南地区自然条件好、雨量充沛、气候温和，种植作物种类繁多、分布范围广。其主要种植的作物包括棉花、花生、向日葵等经济作物，水稻、小麦、玉米、马铃薯等粮食作物，以及根茎叶类、瓜果类等蔬菜作物。调查的大田作物包括粮食作物、露地蔬菜及经济作物，种植制度以一年两熟为主，同时包括一年多熟和少量保护地。其中，蔬菜以露地蔬菜为主，复种指数为 1～3 次，覆膜频次为 1～2 次。

一、地膜厚度及用量

中南地区作物使用的地膜厚度范围为 0.004～0.025mm，其中 0.004mm 地膜是用量最多的地膜，占地膜总用量的 31.58%，0.005～0.015mm 地膜占总量的 61.41%，0.016mm 和 0.025mm 地膜用量相对较少，占总量的 7.01%。详细情况见图 5-52。

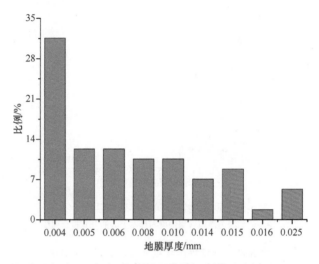

图 5-52　中南地区地膜厚度应用现状

中南地区耕地土壤（0～20cm）地膜平均用量 34.09kg/hm²，变异系数 40.38%（表 5-21）。其中，油料作物（花生）的地膜平均用量 49.25kg/hm²，变异系数 54.57%；蔬菜的地膜平均用量 34.23kg/hm²，变异系数 33.90%；粮食作物（玉米和马铃薯）的地膜平均用量 25.80kg/hm²，变异系数 19.01%；经济作物（烤烟、棉花以及其他）的地膜平均用量 28.36kg/hm²，变异系数 15.82%。蔬菜作物中，根茎叶类的地膜平均用量 33.96kg/hm²，变异系数 21.96%；瓜果类的地膜平均用量 34.31kg/hm²，变异系数 36.88%。

表 5-21　中南地区不同作物地膜用量空间分布　（单位：kg/hm²）

作物	地膜用量				
	广东	广西	湖北	湖南	平均
蔬菜	36.35	—	31.38	35.38	34.23
花生	73.75	—	24.75	—	49.25
烤烟	—	—	—	26.25	26.25
马铃薯	—	—	20.70	—	20.70
棉花	—	—	30.75	—	30.75
玉米	—	30.00	22.50	—	27.50
其他	—	—	—	25.31	25.31
平均	44.36	30.00	29.58	32.47	34.09

二、地膜残留总体强度

调查结果表明，中南地区耕地土壤（0～20cm）地膜残留强度分布范围为

0.03~85.05kg/hm²，平均值为 19.01kg/hm²（中位数为 10.89kg/hm²，变异系数为104.95%）。其中，地膜残留强度<10kg/hm² 的占 42.11%，残留强度 10~20kg/hm²的占 29.82%，残留强度 20~30kg/hm² 的占 3.51%，残留强度 30~40kg/hm² 的占 8.77%，残留强度 40~50kg/hm² 的占 7.02%，残留强度 50~60kg/hm² 的占3.51%，残留强度 60~70kg/hm² 的占 1.75%，残留强度>70kg/hm² 的占 3.51%（图 5-53）。

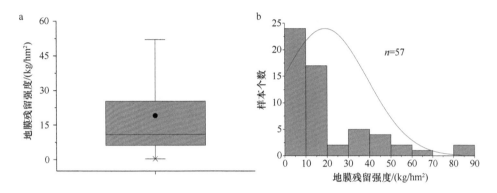

图 5-53　中南地区地膜残留强度分布

图 a 中阴影部分的圆点代表算术平均数，横线代表中位数；图 b 中的曲线为地膜残留强度与样本个数的分布拟合曲线

从空间分布看，中南地区各省份土壤地膜残留强度存在显著差异（图 5-54）。其中，广西地膜残留强度为 46.05kg/hm²，变异系数 107.33%；湖北地膜残留强度为 21.26kg/hm²，变异系数 101.77%；湖南地膜残留强度为 20.68kg/hm²，变异系数 79.70%；广东地膜残留强度为 9.25kg/hm²，变异系数 129.93%。

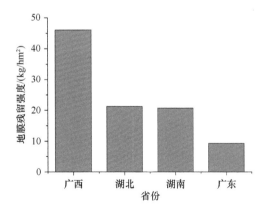

图 5-54　中南地区地膜残留强度空间分布

中南地区地域空间大，种植作物品种繁多，覆膜方式、种植水平等因素的差异较大，造成各作物类型的地膜残留强度存在较大差异（图5-55），4种作物类型的地膜残留强度从高到低的顺序为：油料作物（26.99kg/hm²）＞粮食作物（23.78kg/hm²）＞经济作物（19.16kg/hm²）＞蔬菜（17.08kg/hm²）。其中，油料作物地膜残留强度最高，略高于粮食作物，显著高于其他作物（$P < 0.05$）。

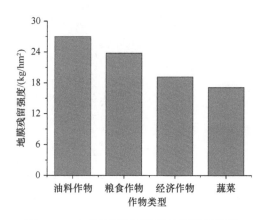

图5-55　中南地区不同作物地膜残留强度

三、主要覆膜作物的地膜残留强度

（一）棉花

棉花是湖北主要的经济作物之一，湖北作为我国长江流域棉花的主要生产地，棉花种植具有悠久的历史，虽然在2000年前后棉花播种面积有一定的下降，但是棉花的播种面积总体稳定在50万hm²左右，约占湖北耕地面积的16%。

1. 覆膜技术参数

湖北棉花种植为一膜双行种植模式，沿江平原棉区以高垄覆膜为主，丘陵岗地棉田则以平膜覆盖为主。地膜铺设分为机械铺设和人工铺设，以白色地膜为主，厚度为0.004～0.008mm，地膜覆盖比例约为33%，地膜用量为25～35kg/hm²。

2. 地膜残留强度

湖北棉田土壤地膜残留强度平均为12.88kg/hm²，范围为9.66～19.63kg/hm²。总体来看，棉花地膜残留强度较低，覆膜年限对地膜残留的影响不大，影响地膜残留强度的主要原因包括：①湖北棉花覆膜量较低，平均为30.75kg/hm²；②地膜覆盖时间短，为60天左右（表5-22）。

表 5-22　湖北棉花地膜残留情况

覆膜年限	覆膜作物带宽/cm	覆膜比例/%	地膜厚度/mm	地膜用量/（kg/hm²）	地膜残留强度/（kg/hm²）
<5	50	33	0.006	28.5	12.31
<5	60	60	0.005	33	10.89
5～10	50	33	0.006	28.5	9.66
5～10	60	60	0.005	33	19.63
10～20	50	33	0.006	28.5	10.19
10～20	60	60	0.005	33	14.60

（二）蔬菜

随着社会经济的快速发展，中南地区蔬菜种植品种日益丰富，播种面积呈快速增长趋势。根据《中国农业年鉴：2012》统计，2012 年中南地区蔬菜播种面积为 473.05 万 hm²，占耕地面积的 32.77%。其中，湖北播种面积为 106.22 万 hm²，占耕地面积的 31.60%；湖南播种面积为 119.38 万 hm²，占耕地面积的 35.67%；广东播种面积为 120.88 万 hm²，占耕地面积的 41.99%；广西播种面积为 104.07 万 hm²，占耕地面积的 23.54%；海南播种面积为 22.50 万 hm²，占耕地面积的 52.89%。

1. 覆膜技术参数

中南地区蔬菜常用地膜厚度在 0.004～0.025mm，其中 0.004mm 地膜是用量最大的地膜，占地膜总用量的 36.11%，其次是 0.008mm 地膜，占 16.67%，再次是 0.014mm 和 0.015mm 地膜，均占总用量的 11.11%，0.005mm 和 0.010mm 地膜均占总用量的 8.33%，0.006mm、0.016mm 和 0.025mm 地膜均占总用量的 2.78%，详细情况见图 5-56。

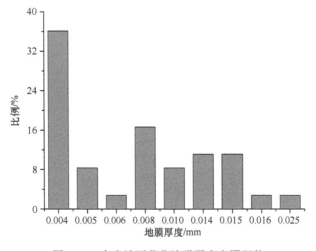

图 5-56　中南地区蔬菜地膜厚度应用现状

蔬菜地膜平均用量为 70.07kg/hm², 变异系数为 43.02%。其中, 根茎叶类蔬菜地膜平均用量为 65.57kg/hm², 变异系数为 55.69%; 瓜果类蔬菜地膜平均用量为 71.51kg/hm², 变异系数为 39.89%。详细情况见表 5-23。

表 5-23　中南地区蔬菜地膜用量情况　　　　(单位: kg/hm²)

蔬菜作物种类	地膜用量			
	广东	湖北	湖南	总计
根茎叶	39.38	—	91.76	65.57
瓜果	76.74	70.49	68.21	71.51
总计	63.15	70.49	76.06	70.07

2. 地膜残留强度

中南地区蔬菜土壤 (0～20cm) 的地膜残留强度平均为 17.56kg/hm² (中位数为 10.05kg/hm², 变异系数为 114.78%)(图 5-57)。其中, 地膜残留强度<10kg/hm² 的占 50.00%, 残留强度 10～20kg/hm² 的占 25.00%, 残留强度 20～30kg/hm² 的占 5.56%, 残留强度 30～40kg/hm² 的占 5.56%, 残留强度 40～50kg/hm² 的占 5.56%, 残留强度 50～60kg/hm² 的占 5.56%, 残留强度>60kg/hm² 的占 2.76%。

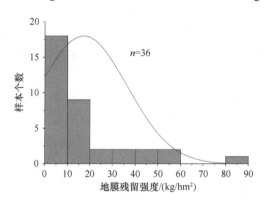

图 5-57　中南地区蔬菜地膜残留强度分布图
图中的曲线为地膜残留强度与样本个数的分布拟合曲线

参 考 文 献

杜晓明, 徐刚, 许端平, 等. 2005. 中国北方典型地区农用地膜污染现状调查及其防治对策[J]. 农业工程学报, 21(S1): 225-227.

侯书林, 胡三媛, 孔建铭, 等. 2002. 国内残膜回收机研究的现状[J]. 农业工程学报, 18(3): 186-190.

刘伟峰, 赵满全, 田海清, 等. 2003. 农用地膜带来的环境污染和回收技术的分析研究[J]. 中国农机化, (5): 34-36.

刘子英, 刘保明, 孟艳玲, 等. 2005. 地膜覆盖对耕层土壤盐分影响的研究[J]. 安徽农业科学, 33(6): 995-1019.

马辉, 梅旭荣, 严昌荣, 等. 2008. 华北典型农区棉田土壤中地膜残留特点研究[J]. 农业环境科学学报, 27(2): 570-573.

农七师 130 团残膜调查组. 1990. 残膜污染土壤的调查[J]. 新疆农垦科技, 13(4): 3-4.

王频. 1998. 残膜污染治理的对策和措施[J]. 农业工程学报, 14(3): 185-188.

肖军, 赵景波. 2005. 农田塑料地膜污染及防治[J]. 四川环境, 24(1): 102-105.

徐刚, 杜晓明, 曹云者, 等. 2005. 典型地区农用地膜残留水平及其形态特征研究[J]. 农业环境科学学报, 24(1): 79-83.

严昌荣, 梅旭荣, 何文清, 等. 2006. 农用地膜残留污染的现状与防治[J]. 农业工程学报, 22(11): 269-272.

张东兴. 1998. 农用残膜的回收问题[J]. 中国农业大学学报, 3(6): 103-106.

周明冬, 侯洪, 董合干, 等. 2015. 新疆农用地膜应用与残留污染现状分析[J]. 浙江农业科学, 56(12): 2058-2061.

Feuilloley P, César G, Benguigui L, et al. 2005. Degradation of polyethylene designed for agricultural purposes[J]. Journal of Polymers and the Environment, 13(4): 349-355.

第六章　残膜对作物生长及土壤理化性状的影响

地膜作为重要的生产资料,对提高农民收益和保障粮食安全具有重要意义(严昌荣等,2014)。然而,地膜难以降解的特性及其在农田中的不合理利用现状,易造成农田土壤中残膜的大量累积。据统计,2014 年新疆地区地膜残留强度最高可达 502.2kg/hm^2(Zhang et al.,2020)。随着土壤中地膜残留强度的增加,残膜带来的负面效应日益凸显,如土地质量恶化、作物产量下降、环境污染等(马辉等,2008;Yang et al.,2015)。本章从作物生长和土壤理化性状等方面,系统描述了地膜残留强度和残膜面积对其产生的不良影响,力求为我国地膜防治工作提供理论支撑。

第一节　材料与方法

本研究在湖北、甘肃分别布置不同地膜残留强度和残留面积梯度的室内模拟与田间定位试验,通过分析残膜对作物生长、土壤水分扩散、土壤养分以及土壤微生物的影响,明确产生危害的土壤地膜残留强度限值,为残膜防治工作提供理论指导。试验布置情况如下。

一、湖北水分扩散模拟试验

(一)试验材料

供试土壤为 0~20cm 的黄棕壤,采自湖北省农业科学院南湖试验站,质地较黏,属重壤。采集的土壤风干过 5 目筛后备用。供试土壤 pH 为 7.16,有机质含量为 23.15g/kg,全氮为 2.2g/kg,全磷为 0.6g/kg,全钾为 25.4g/kg,碱解氮为 156.51mg/kg,速效磷为 21.79mg/kg,速效钾为 173.38mg/kg。

供试地膜为市场购置的厚度为 0.005mm 的白色聚乙烯地膜,剪成不同面积大小后进行试验,残膜近似正方形。

(二)试验设计

本试验采用室内模拟的方法分别研究了残膜对水分向上和向下移动的影响。每个类型试验都设置 3 种残膜面积(<4cm^2、4~25cm^2 和 25~30cm^2),每种残膜面积分别设 6 个地膜残留强度水平(0kg/hm^2、20kg/hm^2、100kg/hm^2、400kg/hm^2、800kg/hm^2 以及 1600kg/hm^2),共计 18 个处理,每个处理设 3 次重复。

模拟水分移动的装置为带有底座的有机玻璃管，有机玻璃管外径 100mm，内径 90mm，高 300mm，底部封口并布满小孔，具体装置见图 6-1。

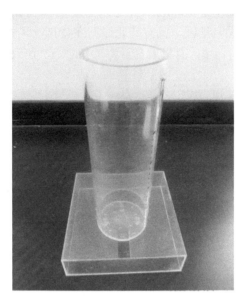

图 6-1　水分扩散模拟装置

在研究地膜残留对土壤水分向上移动的影响时，试验过程如下：先在土柱底部垫一张直径 9cm 的定量滤纸，然后装入 2cm 厚的石英砂，再垫一张直径 9cm 的定量滤纸。待上述过程结束后，将过 5 目筛的风干土壤样品 1550g 与不同处理的残膜混合均匀后装入土柱，最终土柱高度为 20cm。在密封的有机玻璃底座中加入足量的水（以将有机玻璃柱放入底座中水不溢出为准），然后将有机玻璃柱放入底座中，于第 7 天记录并分析土柱中土壤水分向上移动的距离。

在研究地膜残留对土壤水分向下移动的影响时，试验过程如下：先在土柱底部垫一张直径 9cm 的定量滤纸，防止土壤样品将土柱底部的小孔堵塞，然后将过 5 目筛的风干土壤样品 1550g 与不同处理的残膜混合均匀后装入土柱，最终土柱高度为 20cm。装柱后在土柱上部垫一张直径 9cm 的定量滤纸，然后装入 2cm 厚的石英砂。在土柱的上部空间加入足量的水并每隔 1h 对水量进行补充（以水不溢出土柱为准），于第 5h 记录并分析土柱中土壤水分向下移动的距离。

二、甘肃大田试验

（一）试验地概况

大田试验于 2011～2015 年在甘肃省农业科学院张掖节水农业试验站（39.4°N，

99.0°E）进行。试验站位于甘肃省河西走廊中部，海拔 1570m，年平均日照时数 3085h，平均气温 7℃，≥10℃积温 2896℃，无霜期 153 天。该地区属于温带大陆性干旱气候，年降水量不足 130mm，年平均蒸发量 2075mm，属于典型的"无灌溉就无农业"的干旱灌溉地区，具有西北绿洲灌溉农业区的典型特征。供试土壤类型为灌淤土，质地为轻壤，有机质含量为 7.9mg/kg，速效磷为 24.7mg/kg，速效钾为 82.0mg/kg。

（二）试验设计及测试指标

2011 年播种前，人工将地膜剪成边长 5cm、10cm 的正方形碎片，将两种大小的碎膜以 1：1 的比例混合后，按 5 个地膜残留强度水平[0kg/hm^2（CK）、150kg/hm^2、300kg/hm^2、450kg/hm^2 和 600kg/hm^2]，把剪碎的地膜铺在地表，播种前随整地作业混入耕层。每个处理设置 3 个重复，采用随机区组排列，每个小区面积为 22m^2。种植作物类型为玉米，品种为沈丹-16 号，种植行距 40cm，株距 20cm，亩播种量 5500 株。采用全膜平作栽培，地膜使用量为 90kg/hm^2，全生育期灌溉 4 次，灌溉定额为 5250m^3/hm^2，分别于拔节期、大喇叭口期、吐丝期、灌浆中期进行灌溉，比例为 20：30：30：20。氮肥（N）施用量为 270kg/hm^2，磷肥（P$_2$O$_5$）施用量为 195kg/hm^2，肥料品种分别为尿素（N，46%）、过磷酸钙（P$_2$O$_5$，16%）。磷肥全作底肥，而氮肥 40%作底肥，30%于大喇叭口期追施（条施），30%于吐丝期追施（条施）。

2011～2013 年统计各处理玉米出苗率，并于作物收获后对玉米籽粒产量进行分区统计。2015 年作物收获后（10 月），采用多点取样法取各小区 0～20cm 耕层土壤混合样，将土壤带回实验室，过 2mm 筛，部分鲜土在 4℃冰箱保存，并于 7 天内测定土壤含水量、铵态氮（NH$_4^+$-N）、硝态氮（NO$_3^-$-N）、土壤微生物量碳氮、土壤微生物群落丰度以及土壤酶活性等指标，另一部分土样进行风干，测定有机质、全氮以及速效磷（Olsen-P）含量。

第二节　残膜对作物生长的影响

3 年大田试验研究结果表明，随着地膜残留强度的增加，玉米出苗率有不断降低的趋势（图 6-2a），CK 处理的出苗率为 96.6%，而 600kg/hm^2 处理为 91.6%，降低 5.0 个百分点。地膜残留强度对玉米产量的影响较大（图 6-2b），随着地膜残留强度的增加，玉米产量先增加后逐渐降低，150kg/hm^2 处理产量达到最大，为 11 994.8kg/hm^2，比 CK 处理增加 19.9%；450kg/hm^2 和 600kg/hm^2 处理的产量分别为 8823.2kg/hm^2 和 7761.4kg/hm^2，比 CK 分别降低 11.8%和 22.4%，其中后者与 CK 差异显著（$P<0.05$）。由此看出，当地膜残留强度较低时，残膜在一定程度上可以增加玉米产量，但当残留强度超过 450kg/hm^2 后将会使玉米减产。

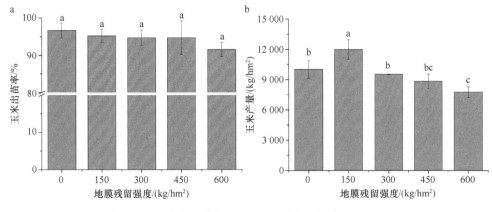

图 6-2　地膜残留强度对玉米出苗率和籽粒产量的影响

第三节　残膜对土壤水分扩散的影响

一、残膜对土壤水分向上移动的影响

　　残膜会阻碍土壤水分向上移动，而且地膜残留强度越大，阻碍作用越明显（图 6-3）。如当残膜面积为 4～25cm² 时，地膜残留强度为 1600kg/hm² 处理的土壤水分向上移动距离为 14.4cm，仅为 20kg/hm² 处理的 76.9%。武宗信等（1995）和南殿杰等（1996）采用面积 50cm² 以上的残膜对地膜残留影响土壤水分移动的研究结果也表明，残膜存在于土壤中会对水分的下渗或上移产生一定影响，残留强度越大，水分移动速度越慢。此外，残留地膜面积大小也是影响土壤水分移动的极其重要的因素，残膜面积越大，对土壤水分向上移动的阻碍作用越大。例如，当残留面积<4cm² 时，20kg/hm² 残留强度的水分向上移动的距离可达对照的 94.9%，即使残留强度达到 1600kg/hm²，其移动距离也为对照的 89.1%；但当残留面积为 4～25cm² 时，20kg/hm² 和 1600kg/hm² 残留强度的移动距离分别仅为对照的 94.4%和 72.6%，而当残留面积为 25～30cm² 时，两个残留水平的移动距离分别为对照的 89.6%和 59.5%。残留地膜对土壤水分向上移动的影响可能是残膜阻碍了土壤毛细管水的移动，导致土壤水分向上移动的路径被阻断，从而降低了土壤水分向上移动的速度。

二、残膜对土壤水分下渗的影响

　　残膜对土壤水分下渗影响的研究结果显示（图 6-4），水分下渗距离在地膜残留强度间无一致性变化规律，但添加残膜的土壤的水分下渗速度均高于不添加残膜处理。如当残膜面积为 4～25cm² 时，无残膜土壤的水分 5h 下渗距离为 11.8cm，而 20kg/hm²、100kg/hm²、400kg/hm²、800kg/hm²、1600kg/hm² 地膜残留强度土壤的水分下渗距离分别是其 1.5 倍、1.6 倍、1.2 倍、1.1 倍、1.1 倍。这表明，残膜在一定程度上能够促进土壤水分下渗。但解红娥等（2007）和南殿杰等（1996）的研究表明，土壤中残膜会降低土壤水分下渗的速度。本研究与两位研究者的结果之所以不同，可能主要是因为他们研究选用的残膜面积为 50～300cm²，大于本研究中所采用的最大残膜面积 25～30cm²。残膜面积过大，几乎切断了土壤水分下渗的孔隙，使得土壤水分无法下渗。残膜对土壤水分下渗的影响尚需进一步研究。

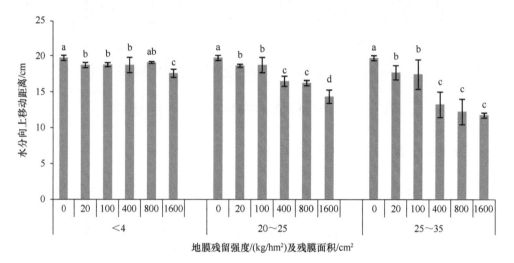

图 6-3　不同残留强度及残膜面积下土壤水分向上移动的距离

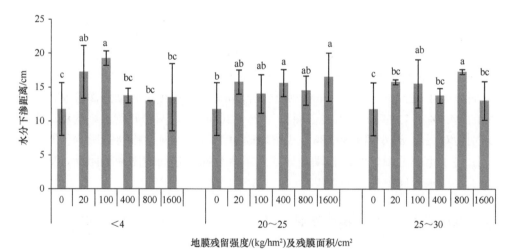

图 6-4　不同残留强度及残膜面积下土壤水分下渗的距离

三、残膜对土壤含水量的影响

甘肃大田试验结果表明（图 6-5），地膜残留强度对土壤含水量的影响较大，随着地膜残留强度的增加，土壤含水量逐渐增加，600kg/hm² 处理的土壤含水量为 14.5%，比 CK 处理提高了 29.5%。少量残膜存在对水分的增加影响不显著，150kg/hm² 处理比 CK 处理增加了 1.2%，300kg/hm² 和 450kg/hm² 处理的土壤含水量在 12.0%～12.8%，略高于 CK 处理，但无显著性差异（$P>0.05$）。在甘肃干旱地区，年降水量低于 130mm，远小于蒸发量，土壤水分损失以表层蒸发为主，残膜的存在能够阻碍土壤毛细管水的移动，减少土壤表层水分蒸发，提高土壤含水量（李荣和侯贤清，2015）。王志超等（2015）的室内模拟试验表明，残膜阻碍土壤透水能力，使得其土壤含水量明显高于无残膜处理。

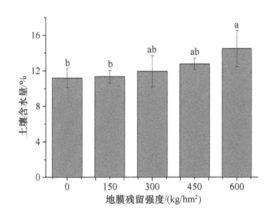

图 6-5　地膜残留强度对土壤含水量的影响

第四节　残膜对土壤养分含量的影响

大田试验表明，地膜残留强度显著影响土壤有机质和全氮含量（$P<0.05$）（图 6-6a 和 b）。土壤有机质水平和地膜残留强度呈线性负相关关系，随着地膜残留强度的增加，土壤有机质含量显著降低（$P<0.05$）。当土壤中地膜残留强度达到 300kg/hm² 时，土壤有机质含量与 CK 相比降低了 8.3%，达到显著水平（$P<0.05$）。地膜残留强度为 600kg/hm² 时，土壤有机质含量最低，仅为 18.4g/kg，比 CK 处理降低 13.1%。该研究结果与董合干（2013）的研究结果相近，他们研究发现，当地膜残留强度为 500kg/hm² 时，土壤有机质含量比空白处理降低了 16.5%。土壤全氮含量也表现出随地膜残留强度增加而降低的趋势，地膜残留强度为 600kg/hm² 时，土壤全氮含量为 0.86g/kg，显著低于其他处理（$P<0.05$）（与 450kg/hm² 处理差异不显著），与 CK 相比，土壤全氮含量降低 9.7%。

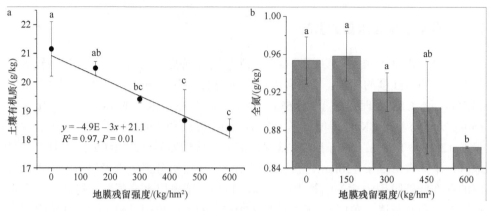

图 6-6　地膜残留强度对土壤有机质和全氮含量的影响

不同处理间土壤 NH_4^+-N、NO_3^--N 以及 Olsen-P 含量存在显著差异（$P<0.05$），但三者随地膜残留强度增加的变化规律不同。NH_4^+-N 随着地膜残留强度的增加表现出先增加后降低的趋势（图 6-7a）。残留强度较低时，土壤 NH_4^+-N 含量表现出

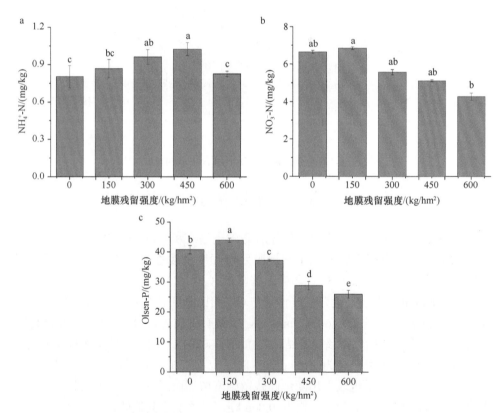

图 6-7　地膜残留强度对土壤 NH_4^+-N、NO_3^--N 以及 Olsen-P 含量的影响

随着地膜残留强度增加而增加的趋势，残留强度为 450kg/hm² 处理土壤的 NH$_4^+$-N 含量最高，达到 1.0mg/kg。当地膜残留强度达到 600kg/hm² 时，土壤 NH$_4^+$-N 含量显著降低（$P<0.05$），虽然该地膜残留强度下土壤含水量最高，但土壤有机质含量降低，造成微生物可利用碳源减少，土壤微生物生长受到抑制，最终影响氨化速率（郑宪清，2008）。土壤 NO$_3^-$-N 和 Olsen-P 含量随地膜残留强度变化的趋势基本相同（图 6-7b 和 c），都表现出随着土壤地膜残留强度增加先增加后降低（$P<0.05$），150kg/hm² 处理的 NO$_3^-$-N 和 Olsen-P 含量最大，分别为 6.8mg/kg 和 44.0mg/kg，比 CK 处理分别提高 3.0%和 7.8%，其中 Olsen-P 达到显著水平（$P<0.05$）。600kg/hm² 处理的 NO$_3^-$-N 和 Olsen-P 含量最低，仅分别为 4.3mg/kg 和 26.0mg/kg，与 CK 处理相比，分别降低 63.2%和 36.3%。

第五节 残膜对土壤微生物的影响

一、土壤微生物量碳氮

地膜残留强度对土壤微生物量碳（MBC）和土壤微生物量氮（MBN）含量的影响结果表明（图 6-8a 和 b），随着残留强度增加，MBC 和 MBN 含量均呈现先升高后降低的趋势。CK 处理下，土壤 MBC 和 MBN 含量较低，分别为 68.2mg/kg 和 15.8mg/kg。150kg/hm² 与 300kg/hm² 处理的土壤 MBC 和 MBN 含量较高，其中 300kg/hm² 处理的土壤 MBC 和 MBN 含量达到最大，分别为 155.5mg/kg 和 30.4mg/kg，比 CK 处理增加 128.0%和 92.4%，存在显著性差异（$P<0.05$）。这可能与土壤中少量残膜有利于提高土壤含水量，从而提高土壤微生物活性有关。而 450kg/hm² 和 600kg/hm² 处理的 MBC 和 MBN 含量显著降低（$P<0.05$），其分布范围分别为 15.4～37.9mg/kg 和 13.0～17.4mg/kg。高地膜残留强度下土壤有机质含量降低是造成土壤微生物量碳氮含量较低的重要原因。

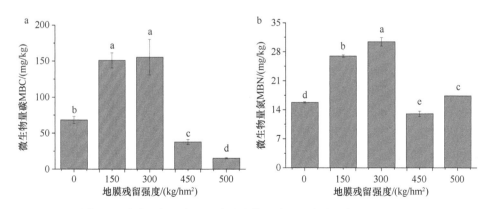

图 6-8 地膜残留强度对土壤微生物量碳和微生物量氮含量的影响

二、土壤微生物群落丰度

平均颜色变化率（average well color development，AWCD）表征了微生物群落的碳源利用率，是反映土壤微生物活性、微生物群落生理功能多样性的重要指标。连续 8 天每隔 24h 测得的 AWCD 值如图 6-9 所示，试验开始前 2 天，各处理 AWCD 值较低，且无显著性差异（$P>0.05$），而在第 2~6 天 AWCD 快速增加，各处理间差异逐渐明显，在培养后期（7~8 天），AWCD 增速变慢，趋于稳定。不同处理间 AWCD 变化曲线不同，残膜量为 150kg/hm^2 时，相同培养时间下 AWCD 值最高，之后随着残膜量的增加，AWCD 显著降低（$P<0.05$）。例如，在培养时间为 8 天时，各处理 AWCD 大小顺序为 150kg/hm^2＞0kg/hm^2＞300kg/hm^2＞450kg/hm^2＞600kg/hm^2，其中 150kg/hm^2 处理的 AWCD 值最高，为 0.94，显著高于其他处理（$P<0.05$），600kg/hm^2 处理的 AWCD 值最低，仅为 0.74，比最高处理减少 21.3%。

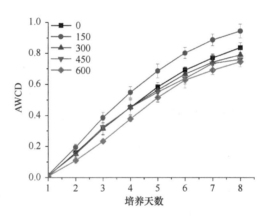

图 6-9　AWCD 随培养时间变化的曲线

图例中各处理的单位为 kg/hm^2

为进一步确定地膜残留强度对土壤微生物丰度的影响，本研究计算了丰富度、Shannon 指数、Simpson 指数以及 McIntosh 指数[分别表征碳源利用总数、物种丰富度、优势种的优势度以及物种均匀度]（杨永华等，2000；贾夏等，2013）。计算结果显示（表 6-1），150kg/hm^2 处理的丰富度和 McIntosh 指数最高，与 CK 相比，分别增加了 3.7%和 10.4%，其中后者达到显著性差异水平（$P<0.05$）。300kg/hm^2 处理的 Shannon 指数和 Simpson 指数最高，分别为 3.224 和 0.961，略高于 CK，但无显著性差异（$P>0.05$）。低残膜量下 Eco 板平均颜色变化率、土壤微生物丰富度、Shannon 指数、Simpson 指数以及 McIntosh 指数较高，说明其土壤微生物群落物种的数量、优势种的优势度以及各物种的均匀度等较高（罗希茜等，2009），这可能是由于土壤含水量提高有利于微生物的生长。而高残膜量下（450kg/hm² 和 600kg/hm²）土壤微生物丰富度、Shannon 指数、Simpson 指数以及 McIntosh 指数降低，与 CK 相比，分别减少了 5.6%～11.1%、0.6%～2.1%、0.2%～0.3%以及 7.7%～11.9%，除 450kg/hm² 处理 Shannon 指数和 Simpson 指数以及 600kg/hm² 处理 Simpson 指数外，其余均达到显著性差异水平（$P<0.05$）。高残膜量导致土壤有机质含量降低，而土壤有机质有效性和组成是影响微生物量与群落结构的关键因素，因此，残膜导致的土壤有机碳库的降低可能是土壤微生物代谢多样性降低的重要原因（钟文辉和蔡祖聪，2004）。

表 6-1　农田残膜量对土壤微生物 AWCD 和多样性指数的影响（培养 8 天）

地膜残留强度/ （kg/hm²）	AWCD	丰富度	Shannon 指数	Simpson 指数	McIntosh 指数
0	0.84±0.03（b）	27.0±1.0（b）	3.218±0.007（ab）	0.957±0.004（ab）	5.56±0.11（b）
150	0.94±0.04（a）	28.0±1.0（a）	3.190±0.002（c）	0.958±0.004（ab）	6.14±0.23（a）
300	0.79±0.05（bc）	26.3±0.6（bc）	3.224±0.019（a）	0.961±0.001（a）	5.22±0.17（c）
450	0.76±0.01（c）	25.5±0.5（c）	3.198±0.016（bc）	0.954±0.001（b）	5.13±0.03（cd）
600	0.74±0.03（c）	24.0±0.0（d）	3.151±0.003（d）	0.955±0.003（b）	4.90±0.07（d）

注：表中数值为平均值±标准差，同列数据后不同字母表示处理间差异达到显著性水平（$P<0.05$）。下同

三、土壤酶活性

土壤酶是土壤生态系统中最活跃的组分，在营养物质转化和有机质分解过程中起着非常重要的作用，其活性是评价土壤质量和生态健康的重要指标（梁国鹏等，2016）。土壤 α-葡糖苷酶、β-葡糖苷酶、纤维素酶、木聚糖酶以及几丁质酶主要参与有机质分解过程，受土壤水分、有机质、微生物活性等因素的影响（向泽宇等，2011）。处理间不同种类酶活性均存在显著性差异（$P<0.05$）（表 6-2），300kg/hm² 处理的木聚糖酶和几丁质酶活性较高，分别为 847.4nmol/(g·h) 和 1317.8nmol/(g·h)，分别是 CK 处理相应酶活性[182.5nmol/(g·h)和 439.3nmol/(g·h)]的 4.6 倍和 3.0 倍。450kg/hm² 处理的 α-葡糖苷酶、β-葡糖苷酶以及纤维素酶活性显著高于其他处理（$P<0.05$），分别为 553.8nmol/(g·h)、171.2nmol/(g·h)和 1352.0nmol/(g·h)，与其他处理相比，分别提高 15.2%～175.1%、12.6%～74.3%以及 70.8%～128.1%。总体而言，300kg/hm² 和 450kg/hm² 处理 5 种酶活性普遍较高，而在低残膜水平和高残膜水平下酶活性较低，该结果与 MBC、MBN 的规律基本相同。由此看出，土壤酶活性随残膜量的变化规律与土壤微生物量碳氮以及土壤微生物群落丰度的变化规律基本一致。

表 6-2　不同残膜量处理下的土壤酶活性　[单位：nmol/(g·h)]

地膜残留强度/(kg/hm^2)	α-葡糖苷酶	β-葡糖苷酶	纤维素酶	木聚糖酶	几丁质酶
0	201.3±14.1 (d)	126.3±5.0 (c)	716.2±82.4 (bc)	182.5±18.0 (c)	439.3±64.4 (c)
150	347.7±19.5 (c)	129.6±9.4 (c)	791.6±6.3 (b)	520.2±91.1 (b)	1116.9±169.5 (ab)
300	455.1±5.3 (b)	152.1±5.4 (b)	645.5±42.8 (cd)	847.4±96.8 (a)	1317.8±248.3 (a)
450	553.8±7.7 (a)	171.2±2.8 (a)	1352.0±55.4 (a)	563.4±46.1 (b)	1232.0±69.2 (ab)
600	480.6±26.3 (b)	98.2±7.3 (d)	592.7±13.5 (d)	661.3±134.7 (b)	957.0±75.4 (b)

第六节　小　结

土壤中残膜存在会阻碍水分的向上移动，减少水分散失，从而有利于提高土壤表层含水量。土壤含水量的增加在一定程度上能够增加微生物活性，导致土壤有机质矿化分解速率加快（孙中林等，2009）。但残膜的物理阻隔作用会影响根系的生长，减少根系生物量，土壤有机质得不到及时补充（辛静静等，2014），且该阻碍作用在土壤高地膜残留强度下尤为明显，最终导致随着残留强度增加，土壤有机质含量显著降低（$P < 0.05$）。地膜残留强度为 600kg/hm^2 时，土壤有机质含量与 CK 处理相比，降低 13.1%，达到显著水平（$P < 0.05$）。

土壤中氮素 99% 以上来自有机体，有机质含量降低会导致土壤全氮含量相应降低（杨丽霞等，2014）。同时，土壤有机质有效性和组成是影响微生物量与群落结构的关键因素。本研究结果表明，当地膜残留强度≥450kg/hm^2 时，土壤微生物量和土壤微生物代谢多样性显著降低，地膜残留强度≥600kg/hm^2 时，土壤酶活性也表现出降低趋势。焦晓光等（2011）对不同有机质含量的土壤的微生物量进行研究发现，在有机质含量较低的土壤中，土壤微生物量也较低。此外，残膜产生的邻苯二甲酸酯类有机污染物，具有致畸、致癌和致突变性特点，高地膜残留强度下，土壤中有机污染物浓度相应较高，对土壤微生物产生的毒害作用较大（郑顺安等，2016）。

由于土壤微生物活性和土壤酶在营养物质转化与有机质分解过程中起着非常重要的作用，土壤酶活性的降低影响土壤养分的转化，地膜残留强度≥600kg/hm^2 时，土壤铵态氮、硝态氮以及有效磷含量显著降低，导致土壤退化，最终影响作物产量。地膜残留强度为 450kg/hm^2 和 600kg/hm^2 的处理的产量与 CK 相比，分别降低 11.8% 和 22.4%，其中后者与 CK 差异显著（$P < 0.05$）。

因此，对于我国地膜残膜污染较严重的地区，应加大残膜防治工作力度，降低残膜引起的土壤退化程度以及粮食安全风险。

参 考 文 献

董合干. 2013. 地膜残留对棉花产量影响的极限研究[D]. 石河子: 石河子大学硕士学位论文: 45.

贾夏, 董岁明, 周春娟. 2013. 微生物生态研究中Biolog Eco微平板培养时间对分析结果的影响[J]. 应用基础与工程科学学报, 21(1): 10-19.

焦晓光, 高崇升, 隋跃宇, 等. 2011. 不同有机质含量农田土壤微生物生态特征[J]. 中国农业科学, 44(18): 3759-3767.

李荣, 侯贤清. 2015. 深松条件下不同地表覆盖对马铃薯产量及水分利用效率的影响[J]. 农业工程学报, 31(20): 115-123.

梁国鹏, Albert H A, 吴会军, 等. 2016. 施氮量对夏玉米根际和非根际土壤酶活性及氮含量的影响[J]. 应用生态学报, 27(6): 1917-1924.

刘岳燕. 2009. 水分条件与水稻土壤微生物生物量、活性及多样性的关系研究[D]. 杭州: 浙江大学博士学位论文: 140.

罗希茜, 郝晓晖, 陈涛, 等. 2009. 长期不同施肥对稻田土壤微生物群落功能多样性的影响[J]. 生态学报, 29 (2): 740-748.

马辉, 梅旭荣, 严昌荣, 等. 2008. 华北典型农区棉田土壤中地膜残留特点研究[J]. 农业环境科学学报, 27(2): 570-573.

南殿杰, 解红娥, 高两省, 等. 1996. 棉田残留地膜对土壤理化性状及棉花生长发育影响的研究[J]. 棉花学报, 8(1): 50-54.

孙中林, 吴金水, 葛体达, 等. 2009. 土壤质地和水分对水稻土有机碳矿化的影响[J]. 环境科学, 30(1): 214-220.

王志超, 李仙岳, 史海滨, 等. 2015. 农膜残留对土壤水动力参数及土壤结构的影响[J]. 农业机械学报, 46(5): 101-106, 140.

武宗信, 解红娥, 任平合, 等. 1995. 残留地膜对土壤污染及棉花生长发育的影响[J]. 山西农业科学, 23(3): 27-30.

向泽宇, 王长庭, 宋文彪, 等. 2011. 草地生态系统土壤酶活性研究进展[J]. 草业科学, 28(10): 1801-1806.

解红娥, 李永山, 杨淑巧, 等. 2007. 农田残膜对土壤环境及作物生长发育的影响研究[J]. 农业环境科学学报, 26(S1): 153-156.

辛静静, 史海滨, 李仙岳, 等. 2014. 残留地膜对玉米生长发育和产量影响研究[J]. 灌溉排水学报, 33(3): 52-54.

严昌荣, 刘恩科, 舒帆, 等. 2014. 我国地膜覆盖和残留污染特点与防控技术[J]. 农业资源与环境学报, 31(2): 95-102.

杨丽霞, 任广鑫, 韩新辉, 等. 2014. 黄土高原退耕区不同林龄刺槐林下草本植物的多样性[J]. 西北农业学报, 23(7): 172-178.

杨永华, 姚健, 华晓梅. 2000. 农药污染对土壤微生物群落功能多样性的影响[J]. 微生物学杂志, 20(2): 23-25, 47.

叶德练, 齐瑞娟, 管大海, 等. 2015. 免耕冬小麦田土壤微生物特征和土壤酶活性对水分调控的响应[J]. 作物学报, 41(8): 1212-1219.

张淑敏, 冯宇鹏, 米庆华, 等. 2014. 不同生物降解地膜对大蒜产量的影响[J]. 山东农业科学,

46(3): 69-71.

郑顺安, 薛颖昊, 李晓华, 等. 2016. 山东寿光设施菜地土壤-农产品邻苯二甲酸酯(PAEs)污染特征调查[J]. 农业环境科学学报, 35(3): 492-499.

郑宪清. 2008. 不同水热条件下三种农田土壤中氨化和硝化作用的变化初探[D]. 南京: 南京农业大学硕士学位论文: 87.

钟文辉, 蔡祖聪. 2004. 土壤管理措施及环境因素对土壤微生物多样性影响研究进展[J]. 生物多样性, 12(4): 456-465.

Yang N, Sun Z, Feng L, et al. 2015. Plastic film mulching for water-efficient agricultural applications and degradable films materials development research[J]. Materials and Manufacturing Processes, 30(2): 143-154.

Zhang D, Ng E L, Hu W, et al. 2020. Plastic pollution in croplands threatens long-term food security[J]. Global Change Biology, 26(6): 3356-3367.

第七章 地膜厚度与作物产量和地膜残留的关系

我国幅员辽阔，生态类型多样，覆膜作物种类多，为了使研究结果更有代表性和普遍性，本研究选择典型覆膜地区（内蒙古、山东、新疆、甘肃、江苏、湖北、云南等地）及相应的典型覆膜作物（马铃薯、花生、棉花、玉米、大蒜、南瓜、烤烟等）为对象，采用大田定位研究的方法，通过分析地膜厚度对土壤温度、土壤含水量、作物出苗率、株高、产量、地膜残留量等因素的影响，综合研究不同作物的适合地膜厚度，以期为规范我国地膜使用，以及相关部门修订我国农用地膜厚度标准提供科学支撑。本研究试验点、试验作物及地膜厚度处理情况见表 7-1。

表 7-1 试验点、试验作物及地膜厚度处理

区域	地点	作物	品种	地膜厚度处理/mm
东北	内蒙古	马铃薯	克新 1 号	0.006、0.008、0.011、0.012
华北	山东	花生	鲁花 8 号	0.004、0.006、0.008、0.010
西北	新疆	棉花	—	0.006、0.008、0.010、0.012
	甘肃	玉米	沈丹-16 号	0.006、0.008、0.010、0.012
中南	湖北	南瓜	密本	0.005、0.008、0.010、0.013、0.014、0.016
华东	江苏	大蒜	—	0.004、0.006、0.008、0.010、0.012
西南	云南	烤烟	云 87	0.006、0.008、0.010、0.012

第一节 内蒙古马铃薯

一、试验概况

内蒙古是我国马铃薯的主产区之一，2012 年种植面积为 1026 万亩，占全国总播种面积的 12.3%，随着覆膜技术不断推广应用，内蒙古有近 10%的马铃薯采用覆膜种植。

本研究试验点位于内蒙古农牧业科学院武川旱作农业试验站，属于中温带半干旱大陆性季风气候，干旱少雨，年降水量为 200～400mm，年蒸发量最高可达 1850mm，年平均气温 2.7℃，无霜期 110 天左右。试验设置 4 个地膜厚度处理，分别为 0.006mm、0.008mm、0.011mm 以及 0.012mm，小区面积为 3.3 亩。供试马铃薯品种为克新 1 号，采用机械化膜下滴灌种植方式，株距基本为 30cm，地膜上小行距为 30cm，膜间大行距为 70cm，地膜宽度均为 75cm。

二、测试指标和方法

覆膜后两个月内，利用日本生产的 HIOK3912 自动温度探头对不同处理土壤 5cm 处温度进行监测，间隔 1h 记录 1 次。播种后每周利用土钻法测定 0～20cm 土层土壤含水量，并统计马铃薯出苗率、主要生育期株高。作物收获后测定马铃薯产量和土壤中地膜残留强度。

三、结果与分析

1. 土壤温度和含水量

连续 3 年的土壤温度监测结果显示（图 7-1a），马铃薯播种后前 5 周，0～5cm 土壤温度随地膜厚度的增加而增加，这表明在气温较低的早春季节，覆盖的地膜越厚，地膜的保温效果越好。但在播种 6 周后，厚地膜处理的土壤温度要低于薄地膜的，导致此现象的原因可能是播种 6 周后气温增加，作物郁闭度提高，较厚地膜不利于外部热量向膜下的传导，因而导致膜下温度低于薄地膜。

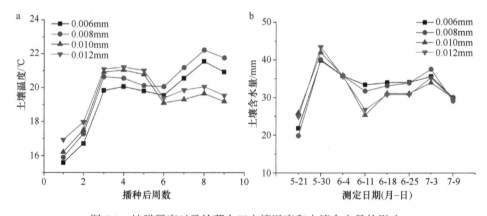

图 7-1　地膜厚度对马铃薯农田土壤温度和土壤含水量的影响

各处理 0～20cm 土壤含水量结果见图 7-1b。土壤含水量随地膜厚度的变化规律在不同时期表现不同，在干旱少雨的时期，如 2013 年从 5 月 14 日播种到 6 月 4 日（表 7-2），土壤含水量基本表现出随地膜厚度增加而增加的规律，但在下雨较多的时期，如 2013 年的 6 月 4 日至 7 月 9 日，土壤含水量则随着地膜厚度的增加而降低。土壤含水量的结果表明，在干旱少雨的时候，地膜越厚保水能力越强，但在雨水较多的时期，地膜反而影响水分进入土壤，地膜越厚，影响越明显。

表 7-2　2013 年不同时段降水量

时间段	降水量/mm
5 月 14 日~5 月 21 日	4.46
5 月 21 日~5 月 30 日	0.00
5 月 30 日~6 月 4 日	0.00
6 月 4 日~6 月 11 日	16.40
6 月 11 日~6 月 18 日	21.80
6 月 18 日~6 月 25 日	14.97
6 月 25 日~7 月 3 日	39.81
7 月 3 日~7 月 9 日	0.00

2. 作物生长发育

不同厚度地膜下马铃薯的出苗率结果见表 7-3。从中可以看出，覆盖 0.006mm 地膜的马铃薯的出苗率最低，仅为 84.7%，0.008mm 和 0.011mm 的出苗率分别比它高出 5.34 个百分点、4.6 个百分点，虽然 0.012mm 的出苗率比 0.006mm 的高出 1.3 个百分点，但分别比 0.008mm 和 0.011mm 的低 4.0 个百分点和 3.3 个百分点。地膜厚度对马铃薯株高的影响与出苗率类似。不管是团棵期、现蕾期还是开花盛期，覆盖 0.006mm 地膜的马铃薯的株高均最低，覆盖 0.012mm 地膜的株高虽然比 0.006mm 的高，但基本上都低于 0.011mm 地膜的，特别是在现蕾期和开花盛期。上述结果表明，覆盖较厚地膜可以促进马铃薯的出苗和生长发育，但覆盖的地膜过厚则不利于这种促进作用的发挥。

表 7-3　2013 年不同厚度地膜覆盖下马铃薯的出苗率和株高

地膜厚度/mm	出苗率/%	株高/cm		
		团棵期	现蕾期	开花盛期
0.006	84.7	12.6	37.5	54.2
0.008	90.0	12.8	38.2	56.1
0.011	89.3	13.1	40.7	57.2
0.012	86.0	13.2	39.4	56.3

3. 产量以及经济效益

大田定位试验结果表明，虽然个别年份表现出覆盖较厚地膜有减产作用，但从 3 年平均结果来看，覆盖 0.008mm、0.011mm 和 0.012mm 地膜的马铃薯产量均高于 0.006mm 地膜的，特别是覆盖 0.008mm 地膜的产量最高，为 33.9t/hm^2，比 0.006mm 的高 14.5%（表 7-4）。这说明对于内蒙古马铃薯而言，覆盖较厚的地膜能使其增产，但地膜过厚会降低增产作用，从本试验 3 年结果来看，以覆盖 0.008mm 地膜最佳。

表 7-4　不同厚度地膜覆盖下马铃薯的产量

地膜厚度/mm	产量/（t/hm²）			
	2011 年	2012 年	2013 年	平均
0.006	40.2	19.3	29.3	29.6
0.008	43.8	21.9	36.1	33.9
0.011	38.8	21.7	32.3	30.9
0.012	36.3	21.6	35.5	31.1

　　对马铃薯各地膜厚度的收益状况进行计算（表 7-5），结果表明，随着覆盖地膜厚度的增加，地膜用量和地膜使用成本逐渐增加，但其产量效益和纯收益均表现为先增加后减少的特点，0.006mm 处理的纯收益最低，为 43 874.9 元/hm²；0.008mm处理的纯收益最高，为 50 222.4 元/hm²；0.011mm 和 0.012mm 的介于二者之间，且差异不明显。这表明在内蒙古采用覆盖较厚地膜方式种植马铃薯的收益要好于覆盖薄地膜，但地膜过厚会降低种植收益，从连续 3 年的结果来看，以覆盖0.008mm 地膜最佳。

表 7-5　不同厚度地膜覆盖下马铃薯的收益

地膜厚度/mm	地膜用量/（kg/hm²）	地膜投入/（元/hm²）	纯收益/（元/hm²）
0.006	40.7	488.4	43 874.9
0.008	54.3	651.6	50 222.4
0.011	74.6	895.2	45 486.0
0.012	81.4	976.8	45 705.0

注：马铃薯价格为 1.5 元/kg，地膜价格为 12 元/kg

4. 土壤地膜残留强度

　　目前内蒙古马铃薯种植中对残膜的回收力度较小，回收方式以人工捡拾为主，且只捡拾地表大块残膜，这导致种植马铃薯的土壤中地膜残留强度随地膜厚度增加而增大（表 7-6）。2011～2013 年，0.006mm、0.008mm、0.011mm 和 0.012mm处理 0～30cm 土层地膜残留强度分别增加 10.5kg/hm²、12.9kg/hm²、14.6kg/hm² 以及 16.9kg/hm²。由此可以看出，残膜在得不到有效回收的基础上，地膜越厚，单位面积铺设量越大，其耕层残留强度也越大。2013 年土壤中新增地膜残留强度显著低于 2012 年，主要归因于 2013 年利用马铃薯收获机收获，收获时由于滚动轮的转动，残膜呈条状，随着马铃薯块茎被抖出地表，大部分残膜集中成堆后被运出田块，因此该年地膜残留较少。此外，耕作深度也会影响残膜在土层中的分布。例如，2011 年利用小马力四轮车耕翻，耕深不足 30cm，监测后发现，土壤中残膜主要分布在 0～20cm 土层，占残膜总量的 87.1%～99.1%，2012 年由于购置了 90 马力拖拉机，耕翻深度高于 30cm，导致 20～30cm 土层中残膜所占比例增加，达到残膜总量的 23.1%～43.8%。由此可见，耕作深度可影响残膜在土层中的分布，耕作深度增加，土壤深层次地膜残留量也将增加。

表 7-6　地膜厚度对马铃薯农田土壤地膜残留强度的影响（单位：kg/hm²）

地膜厚度/ mm	地膜残留强度								
	2011 年			2012 年			2013 年		
	0～20cm	20～30cm	0～30cm	0～20cm	20～30cm	0～30cm	0～20cm	20～30cm	0～30cm
0.006	5.4	0.8	6.2	6.6	5.2	11.8	10.0	6.7	16.7
0.008	15.7	0.2	15.9	18.4	7.0	25.4	21.4	7.5	28.8
0.011	21.2	2.1	23.3	26.2	7.9	34.0	28.4	9.5	37.9
0.012	24.1	1.7	25.8	29.2	9.7	38.8	31.0	11.7	42.7

四、小结

对于内蒙古地区覆膜马铃薯而言，在早春低温时，覆盖的地膜越厚，越利于土壤保温，但在气温较高的时期，地膜越厚反而会使土壤温度越低；在干旱少雨时期，地膜越厚越保水，但在降雨较多时，厚地膜反而会影响雨水进入土壤；覆盖较厚地膜可以促进马铃薯的出苗和生长发育，但覆盖的地膜过厚会影响这种促进作用的发挥。覆盖较厚的地膜能使马铃薯增产并增加其种植效益，但同样地，覆盖的地膜过厚，其增产增效作用会降低。从产量和效益的角度看，内蒙古地区马铃薯种植覆盖的地膜应不低于 0.008mm，如果在不考虑残膜污染的情况下，以覆盖 0.008mm 地膜为最佳。

虽然本研究显示，覆盖的地膜越厚，地膜残留强度越大，但这是在残膜得不到有效回收的条件下的结果。如果地膜回收机械在本地区大力推广应用的话，地膜越厚越利于回收，地膜造成的污染也就越轻。因此，综合考虑地膜经济效益和环境效益，内蒙古地膜马铃薯的适宜覆膜厚度应不低于 0.008mm。

第二节　山东花生

一、试验概况

山东省是我国花生的主产区之一，2012 年花生播种面积为 79.71 万 hm²，居全国第二位，其中覆膜花生约占 80%。

试验点选在山东省泰安市岱岳区大汶口镇侯村，供试土壤为褐土，土壤质地为砂壤。试验设置 4 个地膜厚度处理，分别是 0.004mm、0.006mm、0.008mm 以及 0.010mm，小区面积为 304.0m^2。花生品种为鲁花 8 号，其种植大行距 0.5m，小行距 0.3m，株距 0.2m，每亩约 8334 穴。

二、测试指标和方法

覆膜后两个月内，每周测定一次土壤 5cm 深处地温、0～20cm 土壤水分含量。每处理设点调查花生出苗情况，每处理重复 3 次，每点连续调查 50 株，计算出苗率；并且分别在花生苗期、开花下针期、结荚期、成熟期测定株高，每处理重复 3 次，每点连续调查 10 株。花生收获后，采用样方法测定地膜残留强度和残留系数。

三、结果与分析

1. 土壤温度和含水量

对土壤温度连续测定可知，在测定时段内，各测定日期的土壤温度都基本表现出随地膜厚度增加而逐渐增加的特点（图 7-2），这表明覆盖较厚的地膜有助于土壤保温。在绝大多数的测定日期内，土壤水分含量呈现出随覆盖地膜厚度增加而增大的规律，这表明覆盖厚地膜比覆盖薄地膜有更好的保水作用。对于 2011 年 6 月 23 日、6 月 30 日和 2013 年 6 月 21 日的土壤水分含量呈现出随地膜厚度增加而降低的特点，这可能与在这些测定日期有降雨有关，地膜越厚越影响降水渗入土壤（图 7-3）。

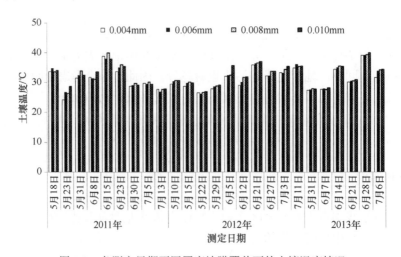

图 7-2　各测定日期不同厚度地膜覆盖下的土壤温度情况

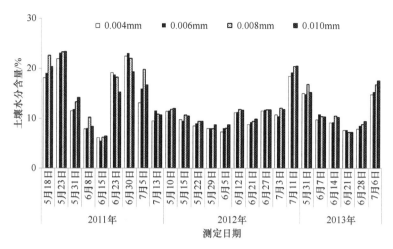

图 7-3　各测定日期不同厚度地膜覆盖下的土壤水分含量情况

2. 作物生长发育

调查发现,虽然不同处理间花生出苗率的变化规律在不同年份表现不同,但综合 3 年的结果发现,覆盖 0.004mm 地膜的花生的出苗率最低,为 94.2%,而覆盖 0.006mm、0.008mm 和 0.010mm 地膜的出苗率分别比其高出 0.7 个百分点、1.1 个百分点和 0.6 个百分点,这说明覆盖较厚的地膜比覆盖薄地膜更有利于花生的出苗。花生苗期的株高在不同处理之间差异不显著,但在开花下针期、结荚期和成熟期,花生的株高基本上表现出随覆膜厚度的增加而增加的趋势,这说明覆盖厚地膜不会影响花生苗期的生长发育,但可促进其在后期的生长发育(表 7-7)。

表 7-7　地膜厚度对花生出苗率和株高的影响

年份	地膜厚度/mm	出苗率/%	株高/cm			
			苗期	开花下针期	结荚期	成熟期
2011 年	0.004	96.5	5.9	9.7	21.0	31.9
	0.006	94.9	6.0	9.5	21.8	33.6
	0.008	97.0	5.5	9.4	22.8	32.1
	0.010	96.0	5.7	10.2	21.5	32.3
2012 年	0.004	92.2	5.7	10.6	23.3	23.6
	0.006	92.6	5.6	10.7	24.0	25.1
	0.008	93.0	5.7	10.7	24.2	25.6
	0.010	93.8	5.4	10.8	24.3	27.1
2013 年	0.004	94.0	7.0	24.2	28.5	28.9
	0.006	97.3	6.9	23.8	28.9	30.0
	0.008	96.0	6.9	24.2	29.8	31.0
	0.010	94.7	7.1	24.5	30.1	31.0

续表

年份	地膜厚度/mm	出苗率/%	株高/cm			
			苗期	开花下针期	结荚期	成熟期
3 年平均	0.004	94.2	6.2	14.8	24.3	28.1
	0.006	94.9	6.2	14.7	24.9	29.6
	0.008	95.3	6.0	14.8	25.6	29.6
	0.010	94.8	6.1	15.2	25.3	30.1

3. 作物产量及经济效益

从表 7-8 可以看出，不同处理间花生产量的变化规律在不同年份表现不同，但从 3 年的平均结果来看，覆盖 0.008mm 地膜的花生产量略高，为 4780.3kg/hm²，而覆盖 0.004mm、0.006mm 和 0.010mm 地膜的产量基本相同，在 4630kg/hm² 左右。随着覆盖地膜厚度的增加，地膜投入量逐渐增加（表 7-9），与 0.004mm 地膜相比，0.010mm 地膜的投入成本增加近 3.3 倍。此外，不同处理间种植花生的纯收益的变化特点在不同年份也表现不同，但综合 3 年的结果来看，覆盖 0.004mm、0.006mm 和 0.008mm 厚度地膜的花生的种植收益基本相同，在 23 500 元/hm² 左右，但覆盖 0.010mm 地膜的收益要比其他厚度的低 8%左右。因此，从山东地膜花生种植收益的角度看，覆盖的地膜不宜过厚，应以不超过 0.010mm 为宜。

表 7-8　各年份覆盖不同厚度地膜下的花生产量

地膜厚度/mm	产量/（kg/hm²）			
	2011 年	2012 年	2013 年	3 年平均
0.004	4815.6	4601.8	4537.5	4651.6
0.006	4793.4	4526.3	4590.3	4636.7
0.008	4811.8	4704.8	4824.2	4780.3
0.010	4659.5	4725.6	4476.1	4620.4

表 7-9　各年份覆盖不同厚度地膜下种植花生的经济效益

地膜厚度/mm	经济效益/（元/hm²）							
	2011 年		2012 年		2013 年		3 年平均	
	地膜投入	纯收益	地膜投入	纯收益	地膜投入	纯收益	地膜投入	纯收益
0.004	573.0	24 468.0	607.5	23 322.0	580.5	23 014.5	587.0	23 601.5
0.006	819.0	24 106.5	873.0	22 663.5	756.0	23 113.5	816.0	23 295.5
0.008	1 300.5	23 721.0	1 344.0	23 121.0	1 299.0	23 787.0	1 314.5	23 543.0
0.010	2 656.5	21 573.0	2 808.0	21 765.0	2 037.0	21 238.5	2 500.5	21 525.5

4. 土壤地膜残留强度

对覆膜花生的地膜残留情况进行连续 2 年的调查发现（表 7-10），覆盖的地膜越厚，地膜在土壤中的残留强度越小，与此同时，地膜越厚，残留系数也越低。例如，2012 年 0.010mm 地膜的残留强度比 0.004mm 的减少了 66.7%，残留系数也降低了近 7 个百分点。山东地膜花生的地膜残留特点与当地农民生产习惯和地膜厚度有关。试验区农户在花生收获前要进行人工揭膜，将大块残膜清理出田块，地膜越厚，应用后越完整，越容易回收，而薄地膜强度低，经过春夏两季的风吹日晒，加上耕作与作物生长的影响，容易破碎，不易捡拾，从而导致在土壤中残留强度高。地膜残留系数随地膜厚度的增加而减少。

表 7-10　不同年份花生在不同覆膜厚度下的地膜残留强度和残留系数

地膜厚度/mm	残留强度/（kg/hm²）		残留系数/%	
	2011 年	2012 年	2011 年	2012 年
0.004	4.7	6.0	12.0	7.6
0.006	2.9	4.8	5.6	4.5
0.008	2.1	3.6	2.0	2.5
0.010	1.5	2.0	1.1	0.7

四、小结

从 3 年的研究结果来看，对于山东地膜花生而言，覆盖较厚的地膜不会增加其收益，如果覆盖过厚，还会造成地膜投入成本的增加，从而导致收益有所降低，但覆盖厚地膜有助于土壤保温、保水，也有利于花生出苗和生长发育，同时覆盖较厚的地膜还利于地膜回收，减少土壤污染。因此，综合经济效益和环保效益，山东地膜花生的覆膜厚度应不低于 0.008mm。

第三节　新　疆　棉　花

一、试验概况

新疆光照充足、昼夜温差大，是我国棉花种植大区，而且普遍采用覆膜的方式种植。本试验点选在尉犁县塔里木乡园艺村县农业技术推广中心试验田，土壤为砂壤土。试验共设置 4 个地膜厚度处理，分别为 0.006mm、0.008mm、0.010mm、0.012mm，小区面积 360m²，试验所用地膜为尉犁县惠众地膜厂生产的地膜。

二、测试指标和方法

自三叶期开始调查测定各处理棉花在不同生育时期的株高、现蕾数、成铃数。棉花收获后分别对籽棉产量和皮棉产量进行统计,并调查土壤中地膜残留强度和残留系数。

三、结果与分析

1. 作物生长发育

调查结果表明(表 7-11),地膜厚度对不同时期的棉花株高影响不同,在苗期(6 月 13 日)和现蕾初期(6 月 22 日),株高基本上呈现出随地膜厚度的增加而增加的趋势,而在现蕾末期(7 月 13 日),则表现出随着地膜厚度的增加,其株高逐渐降低的特点。现蕾末期棉花株高随着地膜厚度增加而降低,可能是因为在该时期棉花从营养生长向生殖生长转化,厚地膜对生殖生长的促进反而抑制了棉花的营养生长。此外,棉花单株蕾数在现蕾初期和末期也基本上表现出随覆盖地膜厚度的增加而增加的特点,现蕾末期的单株花数、现蕾末期和成熟期的单株铃数也都基本上表现出随地膜厚度增加而增加的趋势。上述结果表明,增加地膜厚度对棉花生长发育具有较明显的促进作用。

表 7-11　地膜厚度对棉花农艺性状的影响

地膜厚度/mm	株高/cm			单株蕾数/个		现蕾末期单株花数/朵	单株铃数/个	
	苗期	现蕾初期	现蕾末期	现蕾初期	现蕾末期		现蕾末期	成熟期
0.006	9.0	32.8	80.5	4.9	18.8	0.5	0.2	6.8
0.008	8.6	32.2	74.8	4.3	16.7	0.3	0.3	8.3
0.010	11	32.2	70.2	4.8	20.5	0.8	0.3	8.9
0.012	10.6	36.2	65.5	7.5	17.3	1.0	1.0	8.3

2. 作物产量及经济效益

从表 7-12 可以看出,随着地膜厚度的增加,籽棉产量和皮棉产量均逐渐增加,0.006mm 地膜覆盖下籽棉和皮棉产量都最低,分别为 6108.0kg/hm^2 和 2571.5kg/hm^2,而当地膜厚度增加到 0.012mm 后,籽棉和皮棉产量分别增加了 7.2%和 8.7%。

随着覆膜厚度的增加,地膜投入成本逐渐增加,地膜厚度每增加 0.002mm,每公顷地膜用量增加 14.1kg/hm^2,投入相应增加 169.2 元。但同时种植棉花的收益也随地膜厚度的增加而增加,0.006mm 地膜厚度下种植棉花的纯收益最低,为51 410.4 元/hm^2,当厚度增加至 0.012mm 后,纯收益也增加到 54 634.0 元/hm^2,增加了 6.3%。

表 7-12　不同厚度地膜覆盖下棉花产量和经济效益

地膜厚度/mm	地膜投入/（元/hm²）	籽棉产量/（kg/hm²）	皮棉产量/（kg/hm²）	纯收益/（元/hm²）
0.006	507.6	6 108.0	2 571.5	51 410.4
0.008	676.8	6 267.8	2 651.3	52 599.5
0.010	846.0	6 355.3	2 707.3	53 173.8
0.012	1 015.2	6 547.0	2 795.6	54 634.0

3. 土壤地膜残留强度

从表 7-13 可以看出，地膜残留强度和残留系数都会随着地膜厚度的增加而逐渐降低，0.006mm 处理 2011～2013 年新增地膜残留强度和残留系数分别高达 60.6kg/hm² 和 47.8%，远高于 0.012mm 的 27.6kg/hm² 和 10.9%。该试验区棉花收获后采用机械方式回收地膜，越薄的地膜则强度越低，应用后破碎程度越大，越不易机械回收，且薄地膜在回收过程中易发生断裂，影响回收效果，从而导致在土壤中残留强度较高。所以，在棉田中推广应用较厚的地膜对于减少残膜污染，提高残膜回收率具有重要意义。

表 7-13　地膜厚度对棉田土壤地膜残留强度和残留系数的影响

地膜厚度/mm	2011～2013 年新增地膜残留强度/（kg/hm²）	残留系数/%
0.006	60.6	47.8
0.008	30.8	18.2
0.010	29.0	13.7
0.012	27.6	10.9

四、小结

覆盖厚地膜对棉花生长发育有明显的促进作用，而且随着地膜厚度的增加，籽棉产量和收益均明显增加，同时，增加地膜厚度还会明显降低地膜残留强度。因此，无论是从经济角度还是环境角度考虑，新疆地膜棉花均应采用厚地膜来种植，而且地膜的厚度应不低于 0.012mm。

第四节　甘肃玉米

一、试验概况

试验点设在甘肃省农业科学院张掖节水农业试验站，该点位于甘肃省河西走廊中部，海拔 1570m，年平均日照时数 3085h，平均气温 7℃，无霜期 153 天。试验地土壤为石灰性灌淤土，质地为中壤，肥力中上，玉米采用大田全膜覆盖种植，行距 40cm，株距 20cm，亩播种量 5500 株。试验设 4 个地膜厚度处理，分别是 0.006mm、0.008mm、0.010mm、0.012mm，每处理 3 次重复。小区面积为 28.8m² （4.8m×6.0m），随机区组排列。

二、测试指标和方法

自覆膜起每天 8:00、14:00 以及 18:00 利用电子地温计测定膜下 5cm 深度地温，至少连续观测 30 天，直至玉米完全封行为止，并分别于第一次灌水后第 5 天、第 9 天、第 17 天、第 25 天测定 0～20cm 土壤水分含量。同时，记录不同地膜厚度的玉米出苗率。作物收获后，测定玉米产量和土壤地膜残留强度与残留系数。

三、结果与分析

1. 土壤温度和含水量

不同厚度地膜对土壤温度的影响的结果表明，随着地膜厚度的增加，0～5cm 土壤的温度呈增加趋势（图 7-4a）。此外，地膜厚度对 0～20cm 土壤的含水量也有一定的影响（图 7-4b），在第一次灌水后，土壤水分含量在随后的 25 天都基本上呈现出覆盖厚地膜高于覆盖较薄地膜的趋势。例如，在灌水后第 25 天，0.008mm、0.010mm、0.012mm 处理的土壤含水量为 10.8%～11.6%，高于 0.006mm 的 9.4%。上述结果表明，覆盖较厚地膜比薄地膜有更好的保温、保墒作用。

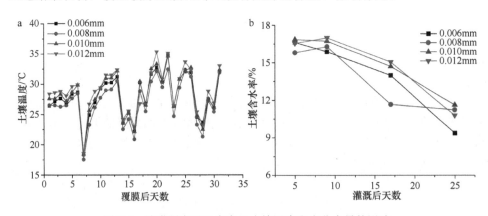

图 7-4　地膜厚度对玉米农田土壤温度和水分含量的影响

2. 作物生长发育

地膜厚度会影响玉米的出苗（表 7-14），玉米的出苗率随着地膜厚度的增加呈先增加后减小的趋势。0.008mm 和 0.010mm 地膜覆盖下，玉米 2 年平均出苗率较高，分别为 95.8% 和 95.5%，其次是 0.012mm 处理，为 93.8%，0.006mm 处理的最低，为 93.2%。这表明在河西走廊中部地区，覆盖厚地膜比薄地膜更有助于玉米的出苗，但若地膜过厚则这种促进作用会变得不明显，最适合玉米出苗的地膜厚度应在 0.008 和 0.010mm 之间。

表 7-14　不同厚度地膜覆盖下玉米的出苗率

地膜厚度/mm	2012 年出苗率/%	2013 年出苗率/%	平均出苗率/%
0.006	91.7	94.7	93.2
0.008	97.0	94.5	95.8
0.010	94.8	96.2	95.5
0.012	91.9	95.6	93.8

3. 作物产量以及经济效应

连续 2 年的试验结果显示（表 7-15），随着覆盖地膜厚度的增加，玉米产量呈逐渐增加的趋势，在 0.006mm 地膜覆盖下，玉米产量为 9023.9kg/hm²，当地膜厚度增加至 0.012mm 后，玉米产量增加了 15.4%；虽然随着地膜厚度的增加，地膜用量和地膜投入成本也逐渐增加，但同时覆膜玉米的种植纯收益也逐渐增加，由 0.006mm 的 18 140.2 元/hm² 增加至 0.012mm 的 20 250.2 元/hm²，增幅达 11.6%。

表 7-15　不同厚度地膜覆盖下玉米的产量和种植收益

地膜厚度/mm	产量/（kg/hm²）	地膜用量/（kg/hm²）	地膜投入/（元/hm²）	纯收益/（元/hm²）
0.006	9 023.9	67.5	810.0	18 140.2
0.008	10 006.1	90.0	1 080.0	19 932.8
0.010	10 125.7	112.5	1 350.0	19 914.0
0.012	10 414.4	135	1 620.0	20 250.2

注：玉米价格为 2.1 元/kg，地膜价格为 12 元/kg

4. 土壤地膜残留强度

从表 7-16 中可以看出，2011～2013 年玉米新增地膜残留强度和残留系数随地膜厚度的增加逐渐降低。与 0.006mm 地膜相比，0.012mm 处理地膜残留强度降低了 51.3%，残留系数降低了 30.4 个百分点。

表 7-16　不同厚度地膜覆盖下玉米农田土壤中地膜残留强度和残留系数

地膜厚度/mm	2011～2013 年新增地膜残留强度/（kg/hm²）	残留系数/%
0.006	81.3a	40.2
0.008	59.1b	21.9
0.010	44.2b	13.1
0.012	39.6b	9.8

注：同列数字后小写字母不同表示差异显著（$P<0.05$）

四、小结

覆盖过厚的地膜是为了进一步提高玉米的出苗率，但覆盖较厚的地膜有利于土壤保温、保墒，同时覆盖的地膜越厚，玉米的产量和种植收益越高，且土壤地膜残留强度越低。因此，综合考虑经济效益和环境效益，在河西走廊中部地区地膜玉米种植中，覆盖地膜的厚度应不低于 0.012mm。

第五节　江 苏 大 蒜

一、试验概况

大蒜是黄淮海平原连片种植面积最大的重要出口创汇蔬菜作物之一，主要分布在江苏省北部邳州市和山东省的鲁南地区金乡县及河南省杞县等区域。在这些区域大蒜栽培覆盖措施以作畦宽膜平整覆盖为主，主要覆膜时间为每年 9 月中下旬到次年的 5 月中下旬，整个生长期间都不揭膜。目前，在这些地区覆盖的地膜以 0.004mm 的聚乙烯白膜为主。

试验点设在江苏省徐州市邳州市赵墩镇天庙村，土壤类型为黏心脱盐碱土，土壤质地为中壤，土壤肥力中等。基础土壤养分状况如下：土壤有机质为 18.23g/kg，全氮为 0.64g/kg，有效磷为 27.89mg/kg，速效钾为 130.56mg/kg。试验共设置 5 个地膜厚度处理，分别为 0.004mm、0.006mm、0.008mm、0.010mm、0.012mm，该试验采用随机排列方式进行，小区面积为 300m^2。大蒜品种为邳州白蒜，行距为 18cm，株距为 12cm。

二、测试指标和方法

地膜覆盖后每隔 7 天用温度计和土壤含水量测量仪分别测定土壤 5cm 处温度和 0~20cm 土壤含水量。同时统计大蒜的破膜出苗率和产量，并在作物收获后用样方法测定土壤地膜残留强度及残留系数。

三、结果与分析

1. 土壤温度和含水量

土壤 5cm 处温度的监测结果显示（图 7-5a），覆膜厚度对土壤 5cm 处温度影响较大，同一观测时间内土壤 5cm 处温度随着地膜厚度的增加而增加。各处理观测期的平均温度分别为 12.9℃、13.3℃、13.5℃、14.0℃以及 14.3℃，其中 0.012mm

处理土壤温度最高，为 14.3℃，比 0.004mm 处理的高 1.4℃。同时，地膜厚度影响土壤水分含量，土壤水分含量随着地膜厚度的增加而增加（图 7-5b），0.012mm 处理土壤平均含水量最高，为 73.3mm，比土壤含水量最低处理（0.004mm）高6.5%。由此可见，增加地膜厚度可显著提高土壤温度和土壤含水量。

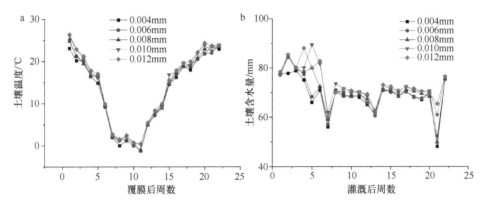

图 7-5　地膜厚度对种植大蒜农田土壤中温度和水分含量的影响

2. 作物生长发育

对不同覆膜厚度的大蒜的自然破膜出苗率进行为期 2 年的调查发现（表 7-17），大蒜破膜出苗率会随着地膜厚度的增加逐渐降低。覆盖 0.004mm 地膜的大蒜的平均自然破膜出苗率为 66.1%，而覆盖 0.012mm 的仅为 9.1%。这表明覆盖的地膜越厚，越影响大蒜的自然破膜出苗，也越需要人工辅助破膜出苗。

表 7-17　不同厚度地膜覆盖下大蒜的自然破膜出苗率

地膜厚度/mm	自然破膜出苗率/%		
	2011 年	2012 年	2 年平均
0.004	65.3	66.8	66.1
0.006	40.5	45.1	42.8
0.008	25.3	24.8	25.1
0.010	15.6	14.8	15.2
0.012	9.4	8.7	9.1

分别在越冬期、返青期、花芽和鳞芽分化期对大蒜的叶数、株高与最长叶片长度进行测定，结果表明，大蒜的叶数、株高和最长叶片长度总体表现出随覆盖地膜厚度增加而增加的趋势（表 7-18～表 7-20）；此外，返青期、花芽和鳞芽分化期的假茎粗度以及花芽和鳞芽分化期的鳞茎大小也表现出随地膜厚度增加而增加的特点（表 7-21，表 7-22）。这些结果表明，覆盖越厚的地膜越有利于大蒜的生长发育。

表 7-18　不同厚度地膜覆盖下不同时期大蒜的叶数

地膜厚度/mm	叶数/片														
	越冬期							返青期				花芽和鳞芽分化期			
	2012-11-18	2012-11-29	2012-12-6	2012-12-10	2013-1-15	2013-1-29	2013-2-10	2013-2-22	2013-3-4	2013-3-23	2013-3-30	2013-4-7	2013-4-22	2013-5-6	2013-5-14
0.004	4.6	5.1	5.4	5.5	5.6	5.6	5.6	8.0	8.3	8.7	8.8	12.1	12.9	13.9	14.8
0.006	4.5	5.2	5.5	5.6	5.7	5.7	5.7	8.0	8.4	8.8	9.0	12.2	12.7	14.1	14.6
0.008	5.1	6.1	6.2	6.4	6.4	6.4	6.4	8.0	8.7	9.0	9.4	12.9	12.6	14.8	15.5
0.010	5.1	6.1	6.3	6.3	6.5	6.5	6.5	8.0	8.5	8.9	9.2	12.6	12.8	14.9	15.9
0.012	5.2	6.1	6.2	6.3	6.6	6.6	6.6	8.0	8.6	8.9	9.3	12.8	12.9	14.6	15.8

注：2012-11-18 代表 2012 年 11 月 18 日，依此类推，表 7-19～表 7-22 同

表 7-19　不同厚度地膜覆盖下不同时期大蒜的株高

地膜厚度/mm	株高/cm														
	越冬期							返青期				花芽和鳞芽分化期			
	12-11-18	12-11-29	12-12-6	12-12-10	13-1-15	13-1-29	13-2-10	13-2-22	13-3-4	13-3-23	13-3-30	13-4-7	13-4-22	13-5-6	13-5-14
0.004	1.44	1.82	2.35	2.65	2.68	2.71	2.73	2.82	13.1	14.9	16.8	17.5	18.9	19.5	20.7
0.006	1.43	1.80	2.38	2.68	2.70	2.74	2.75	2.87	13.2	15.3	16.7	17.8	18.8	19.7	20.5
0.008	1.61	1.90	2.44	2.74	2.78	2.82	2.94	2.82	13.2	15.7	17.2	19.1	19.7	20.9	21.4
0.010	1.62	1.92	2.49	2.79	2.80	2.86	2.97	3.05	13.1	15.6	17.3	18.6	19.9	20.6	21.5
0.012	1.60	1.91	2.42	2.72	2.76	2.89	2.95	3.14	13.3	15.5	17.1	18.9	19.5	20.8	21.2

表 7-20　不同厚度地膜覆盖下不同时期大蒜最长叶片长度

地膜厚度/mm	最长叶片长度/cm														
	越冬期							返青期				花芽和鳞芽分化期			
	12-11-18	12-11-29	12-12-6	12-12-10	13-1-15	13-1-29	13-2-10	13-2-22	13-3-4	13-3-23	13-3-30	13-4-7	13-4-22	13-5-6	13-5-14
0.004	7.2	17.4	28.1	28.3	29.2	33.5	29.8	16.5	26.4	35.6	36.3	38.5	45.3	53.9	64.5
0.006	7.2	17.3	28.0	28.4	29.1	36.8	29.5	16.7	26.6	35.8	36.9	38.7	44.7	56.4	64.3
0.008	7.5	17.6	30.3	30.4	31.2	37.6	31.4	17.9	27.7	35.9	37.1	39.7	46.1	66.6	66.8
0.010	7.6	17.2	30.2	30.6	31.1	37.2	31.8	17.3	27.2	35.7	37.5	39.8	45.8	67.2	66.9
0.012	7.8	17.4	30.1	30.5	31.2	31.3	31.6	17.8	27.6	35.6	37.2	39.9	45.9	66.9	67.1

表 7-21　不同厚度地膜覆盖下不同时期大蒜假茎粗度

地膜厚度/mm	假茎粗度/cm							
	返青期				花芽和鳞芽分化期			
	13-2-22	13-3-4	13-3-23	13-3-30	13-4-7	13-4-22	13-5-6	13-5-14
0.004	0.73	1.02	1.93	2.04	2.18	2.35	3.64	3.71
0.006	0.74	1.03	1.96	2.05	2.16	2.30	3.67	3.73
0.008	0.78	1.04	2.03	2.16	2.30	2.80	3.62	3.78
0.010	0.76	1.05	2.04	2.17	2.25	2.60	3.65	3.80
0.012	0.80	1.04	2.05	2.19	2.23	2.40	3.71	3.84

表 7-22　花芽和鳞芽分化期不同厚度地膜覆盖下大蒜鳞茎大小

地膜厚度/mm	鳞茎大小/cm			
	13-4-7	13-4-22	13-5-6	13-5-14
0.004	1.31	2.80	4.50	5.56
0.006	1.32	2.70	4.60	5.57
0.008	1.44	2.80	4.70	5.90
0.010	1.45	3.10	4.90	5.95
0.012	1.46	2.90	4.80	5.98

3. 作物产量和经济效益

地膜厚度对大蒜产量影响较大（表 7-23），大蒜产量随着地膜厚度增加而增加，0.004mm 处理的大蒜产量最低，为 20 170.5kg/hm²，而当地膜厚度为 0.012mm 时，大蒜产量增加至 21 576.0kg/hm²，增幅约 7%。

表 7-23　覆盖不同厚度地膜的大蒜产量和经济效益

地膜厚度/mm	产量/（kg/hm²）	地膜使用量/（kg/hm²）	地膜投入成本/（元/hm²）	纯收益/（元/hm²）
0.004	20 170.5	37.7	489.8	48 436.4
0.006	20 278.5	45.8	595.0	48 601.3
0.008	21 507.0	61.9	804.9	51 462.6
0.010	21 468.0	94.9	1 233.4	50 936.6
0.012	21 576.0	114.0	1 482.0	50 958.0

随着覆盖地膜厚度的增加，地膜投入量和投入成本均明显增加，覆盖 0.004mm 地膜的使用量和成本分别仅为 37.7kg/hm² 和 489.8 元/hm²，而覆盖 0.012mm 地膜的使用量和成本分别高达 114.0kg/hm² 和 1482.0 元/hm²。虽然地膜投入成本随地膜厚度的增加而明显增加，但覆盖厚地膜的经济效益要好于薄地膜，具体是覆盖 0.008mm、0.010mm 和 0.012mm 地膜的经济效益较好且基本接近，约为 51 100 元/hm²，而覆盖 0.004mm 和 0.006mm 地膜的效益较差，基本在 48 500 元/hm² 左右。

4. 土壤地膜残留强度

连续 2 年对江苏地膜大蒜农田地膜残留情况进行了调查，2 年的结果均表明（表 7-24），地膜残留强度会随着地膜厚度的增加而减少，0.004mm 地膜的土壤中平均残留强度高达 6.67kg/hm²，而当地膜厚度增至 0.012mm 后，残留强度降低至 0.47kg/hm²，降幅高达 92.95%；与地膜残留强度一样，地膜残留系数随着地膜厚度的增加而降低，0.004mm 处理地膜残留系数最高，平均高达 17.5%，而当地膜厚度为 0.012mm 时，平均残留系数仅为 0.4%。地膜越厚，破损率越小，捡拾越容易，因而残留在土壤中的量越少。

表 7-24 不同厚度地膜下大蒜农田土壤中地膜残留强度及残留系数

地膜厚度/mm	残留强度/（kg/hm²）			残留系数/%		
	2011 年	2012 年	2 年平均	2011 年	2012 年	2 年平均
0.004	6.85	6.48	6.67	17.8	17.2	17.5
0.006	6.73	6.00	6.37	14.5	13.1	13.8
0.008	2.32	1.93	2.13	3.7	3.1	3.4
0.010	2.54	1.96	2.25	2.7	2.1	2.4
0.012	0.63	0.30	0.47	0.5	0.3	0.4

四、小结

从本研究结果来看，覆盖厚地膜不仅可以提高土壤温度和含水量，也可以促进大蒜的生长发育，并能使大蒜增产增效，同时还有助于减少地膜在土壤中的残留，虽然覆盖厚地膜不利于大蒜的自然破膜出苗，但即使是目前普遍使用的 0.004mm 的薄地膜，自然破膜出苗率仅为 66.1%，需要人工辅助出苗。因此，在黄淮海平原种植覆膜大蒜时，应大力推广使用厚地膜，而且综合考虑经济效益和环境效益，推荐的地膜厚度应不低于 0.012mm。

第六节 湖 北 南 瓜

一、试验概况

试验地点位于湖北省咸宁市嘉鱼县，土壤类型为潮土，试验设置 6 个地膜厚度处理，分别为 0.005mm、0.008mm、0.010mm、0.013mm、0.014mm 以及 0.016mm，每个处理重复 2 次，共 12 个小区，小区面积为 132m²。南瓜地膜使用方式按当地习惯进行选择，即覆膜带宽为 80cm，裸露农田带宽为 470cm，地膜使用后不回收。南瓜的栽培密度为 2850 株/hm²，每年 4 月初移栽，7～8 月分批收获。

二、测试指标和方法

地膜覆盖后每小区选 5 个点采用温度计和土壤含水量测量仪分别测定土壤 5cm 处温度和 0～20cm 处含水量。作物收获后进行计产，并测定土壤中地膜残留强度和残留系数。

三、结果与分析

1. 土壤温度和含水量

连续 2 年的监测结果表明，在各测定日期土壤温度大多表现为随地膜厚度的增加而增加的趋势（图 7-6）。与土壤温度不同，地膜厚度对土壤含水量的影响较小（图 7-7），膜下 0～20cm 土壤水分含量并没有表现出随地膜厚度增加而增加的特点，特别是在 2012 年，几乎每个测定日期的土壤含水量都没有表现出随地膜厚度增加而增加的趋势。

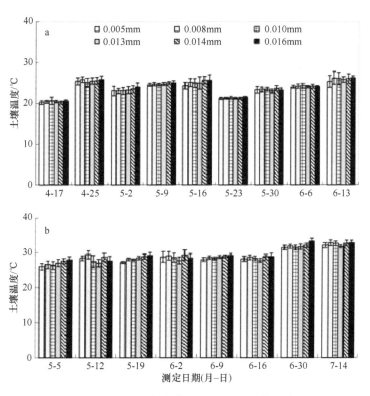

图 7-6　不同厚度地膜处理 0～5cm 土壤温度

a. 2012 年；b. 2013 年

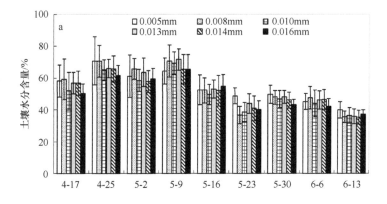

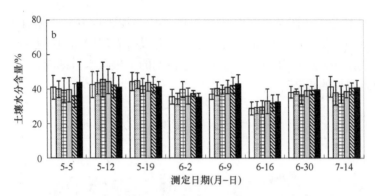

图 7-7　不同厚度地膜处理 0～20cm 土壤水分含量

a. 2012 年；b. 2013 年

2. 作物产量

对不同处理的 2 年南瓜产量进行分析后发现（图 7-8），当覆盖的地膜厚度为 0.008mm、0.010mm、0.013mm 和 0.014mm 时，南瓜的产量没有明显差别，2 年累计产量为 76.5～82.3t/hm²，但要明显高于覆盖 0.005mm 和 0.016mm 厚度地膜的南瓜产量。这表明地膜过薄或过厚都不利于南瓜产量的增加，覆盖厚度在 0.008～0.014mm 的地膜对南瓜产量有相似的作用。地膜过薄或者过厚均不利于南瓜产量的形成，可能主要与地膜厚度对土壤温度的影响有关。地膜厚度过薄，不利于保温，但过厚会导致南瓜生长中后期土壤温度过高。

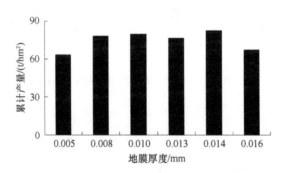

图 7-8　不同厚度地膜南瓜 2 年（2012 年和 2013 年）累计产量

3. 土壤地膜残留强度

表 7-25 的结果显示，随着地膜厚度的增加，地膜用量不断增加，厚度为 0.016mm 的处理地膜用量是 0.005mm 的 1.7 倍。地膜厚度影响地膜残留强度和地膜残留系数，由于该地区残膜不进行回收，地膜残留强度基本随着地膜厚度的增加而呈不断增加的趋势，0.016mm 处理的地膜残留强度最大，为 21.3kg/hm²，0.005mm 处

理的地膜残留强度最小，为 9.8kg/hm^2，两者相差约 1.2 倍。不同厚度的地膜的残留系数在 49.2%～62.7%。地膜残留系数随着地膜厚度的增加先上升而后略有下降，在 0.013mm 处达到最大。但 0.014mm 和 0.016mm 处理的地膜残留系数均高于 0.005mm、0.008mm 和 0.010mm 的处理。

表 7-25　地膜厚度对种植南瓜农田土壤中地膜残留的影响

地膜厚度/mm	地膜用量/（kg/hm^2）	残留强度/（kg/hm^2）	残留系数/%
0.005	19.9	9.8	49.2
0.008	20.9	10.6	50.7
0.010	20.9	11.1	53.2
0.013	24.6	15.4	62.7
0.014	25.4	14.8	58.5
0.016	34.1	21.3	62.5

四、小结

增加地膜厚度可有效提高土壤温度，但对土壤含水量的影响较小。地膜过薄或过厚都不利于南瓜产量的增加。在不回收地膜的情况下，使用的地膜越厚，土壤地膜残留强度和残留系数都会增加。因此，湖北嘉鱼县南瓜适宜的覆膜厚度在 0.008 和 0.014mm 之间，而且为了方便地膜回收，应尽可能使用较厚的地膜。

第七节　云南烤烟

一、试验概况

试验地位于云南省曲靖市马龙区旧县镇团结村（25°21′17.0″N，103°22′57.0″E），海拔 1885m，地形为丘陵缓坡地。试验设 4 个地膜厚度处理，分别为 0.006mm、0.008mm、0.010mm、0.012mm，小区面积 300m^2。用人工或者机械起垄，垄宽 120cm，垄高约 30cm，然后在垄上人工进行打塘作业，塘深约 20cm，塘距 55cm，每塘浇灌 3～5kg 水后，适时移栽烟苗。烟苗移栽后进行人工覆膜，作物收获后不揭膜。

二、测试指标和方法

地膜覆盖后每隔 7 天采用温度计和土壤含水量测量仪分别测定土壤 5cm 处温度与 0～20cm 的含水量。选择烤烟生长过程中 2 个关键的生育期（团棵期、打顶期）进行烤烟农艺性状田间调查，主要包括株高、有效叶数、腰叶长、腰叶宽、茎围等。烟草收获后对各小区进行计产，并采用样方法测定土壤中地膜残留强度和残留系数。

三、结果与分析

1. 土壤温度和含水量

处理间土壤温度没有明显的变化规律，地膜厚度基本上对温度没有影响（图 7-9a）。地膜厚度对 0~20cm 耕层土壤含水量有一定的影响（图 7-9b），总体上以 0.012mm 处理影响最大，灌溉覆膜后后 1~6 周基本保持最大土壤含水量，尤其是在 2~5 周，明显高于其他处理。灌溉覆膜后后 6~8 周，则以 0.008mm 处理最大，0.006mm 处理土壤含水量相对较小。

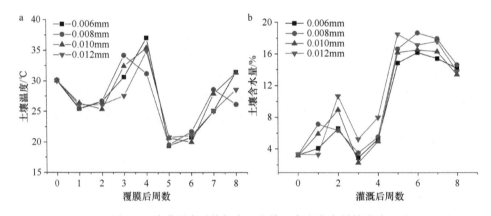

图 7-9　地膜厚度对烤烟农田土壤温度和含水量的影响

2. 作物生长发育

表 7-26 的结果显示，在团棵期，烤烟株高随地膜厚度增加而降低，而且单株叶数和最大叶叶面积也基本上呈随地膜厚度增加而降低的趋势。在打顶期，不同厚度处理的有效叶数差异不明显，但腰叶叶面积和茎围基本上呈现出随地膜厚度增加而增大的趋势。综上可见，地膜厚度对烤烟农艺性状有影响，厚地膜早期有一定的抑制烤烟生长的作用，但后期则可促进其生长。

3. 作物产量和经济效益

烤烟产量结果显示（表 7-27），覆盖 0.006mm、0.008mm 和 0.010mm 地膜的烟叶产量基本接近，在 2885.0kg/hm² 左右，而覆盖 0.012mm 地膜的烟叶产量明显增加，可达 3105.0kg/hm²。

表 7-26 地膜厚度对烤烟农艺性状的影响

地膜厚度/mm	团棵期			打顶期		
	自然株高/cm	单株叶数/片	最大叶叶面积/cm²	有效叶数/（片/株）	腰叶叶面积/cm²	茎围/cm
0.006	45.2	11.8	583.7	18.4	1114.5	7.0
0.008	39.8	12.8	512.7	21.2	1173.9	7.3
0.010	38.8	11.0	561.2	18.6	1051.2	7.5
0.012	37.2	10.0	461.9	20.0	1373.1	7.9

表 7-27 覆盖不同厚度地膜烤烟的产量及种植收益

地膜厚度/mm	烟叶产量/（kg/hm²）	地膜投入/（元/hm²）	纯收入/（元/hm²）
0.006	2 925.0	1 441.8	57 058.2
0.008	2 850.0	1 878.0	55 122.0
0.010	2 880.0	2 198.0	55 402.0
0.012	3 105.0	2 862.9	59 237.1

注：烟叶和地膜价格分别为 20 元/kg 和 25 元/kg

随着地膜厚度的增加，地膜投入成本逐渐增加，由 0.006mm 的 1441.8 元/hm² 增加到 0.012mm 的 2862.9 元/hm²，增长近 1 倍。虽然地膜厚度增加则地膜投入成本增加，但种植烤烟的收益并未随之降低，反而是覆盖 0.012mm 地膜的收益最高，达到 59 237.1 元/hm²。此外，覆盖 0.006mm 地膜的收益也较高，为 57 058.2 元/hm²，覆盖 0.008mm 和 0.010mm 地膜的收益接近，在 55 300 元/hm² 左右。

4. 土壤地膜残留强度

根据土壤地膜残留强度调查结果可知（表 7-28），随地膜厚度增加，地膜用量逐渐增加，地膜残留强度也逐渐增加，但地膜残留系数则随地膜厚度增加而降低。0.012mm 处理的土壤地膜残留强度最大，为 29.2kg/hm²，0.006mm 的最小，比 0.012mm 低 23.6%；但 0.006mm 的残留系数却比 0.012mm 的高 13.2 个百分点。云南烤烟地膜残留强度之所以随地膜厚度的增加而增加，主要与当地不回收地膜有关。当地膜不进行回收时，覆盖的地膜越厚，地膜用量越大，残留强度自然也就越大。

表 7-28 地膜厚度对烤烟农田地膜残留的影响

地膜厚度/mm	地膜用量/（kg/hm²）	残留强度/（kg/hm²）	残留系数/%
0.006	57.6	22.3	38.7
0.008	75.1	24.3	32.4
0.010	87.9	25.2	28.7
0.012	114.5	29.2	25.5

四、小结

对于烤烟而言，增加地膜厚度能促进烤烟后期的生长发育。此外，覆盖较厚的地膜不仅能增加烟叶的产量，也能提高烤烟的种植效益。在目前的种植习惯下，不对残膜进行回收，因而土壤地膜残留强度会随着地膜厚度的增加而增加。但如果大力提倡残膜回收并推广使用相关地膜回收机械，越厚的地膜在土壤中的残留会越少。因此，对于云南地区地膜烤烟而言，综合经济效益和环境效益，覆膜厚度应不低于 0.012mm。

参 考 文 献

曹健. 2012. 浅析不同地膜厚度对残膜回收率的影响[J]. 新疆农业科技, (6): 38-39.

曹健, 朱庆德, 吉秀梅, 等. 2012. 棉田不同覆膜厚度对地膜残留的影响[J]. 农村科技, (9): 18-19.

杜秀玲, 王海玮, 徐杏. 2016. 锌肥不同施用量对玉米产量及植株性状的影响[J]. 安徽农业科学, 44(21): 37-38.

方旭, 任涛, 杨非. 2015. 蓝田县川道地区夏玉米锌肥施用效果研究[J]. 中国农业信息, (7): 57.

高鹤清, 姜兆全, 蒋守清. 2008. 石灰性土壤磷锌肥对玉米产量和质量的影响[J]. 农业科技通讯, (8): 63-64.

郭文琦, 张培通, 李春宏, 等. 2018. 覆黑色地膜对大蒜生长发育和产量的影响[J]. 浙江农业科学, 59(7): 1175-1177, 1181.

何文清, 严昌荣, 赵彩霞, 等. 2009. 我国地膜应用污染现状及其防治途径研究[J]. 农业环境科学学报, 28(3): 533-538.

刘德明, 王刚, 王志刚, 等. 2013. 锌肥在玉米上的应用效果研究[J]. 现代农业科技, (16): 20

秦洪. 2013. 尉犁县棉田地膜厚度对地膜残留污染的影响[J]. 农村科技, (10): 23-24.

史桂芳, 毕军, 夏光利, 等. 2003. 氮磷钾锌肥对夏玉米的影响效应试验研究[J]. 上海农业科技, (5): 40-41.

严昌荣, 何文清, 梅旭荣, 等. 2010. 农用地膜的应用与污染防治[M]. 北京: 科学出版社: 76-86.

严昌荣, 刘恩科, 舒帆, 等. 2014. 我国地膜覆盖和残留污染特点与防控技术[J]. 农业资源与环境学报, 31(2): 95-102.

张丽娜, 孙丽华, 郑久明, 等. 2015. 天津市宝坻区夏玉米锌肥试验研究[J]. 天津农林科技, (3): 7-8.

第八章　地膜残留污染防控对策建议

我国地膜覆盖区域广、面积大，覆膜作物种类多，气候条件复杂，覆膜目的及措施多样，2017 年我国地膜使用量达 143.7 万 t，覆盖面积达 2.8 亿亩。地膜残留污染已成为制约农业绿色发展的突出环境问题，尤其是新疆、甘肃及内蒙古等重点区域的地膜污染较为突出。地膜为我国土地生产效率提高和粮食安全作出了重要贡献，在今后相当长一段时期内，传统聚乙烯地膜仍是我国农业生产不可替代的重要生产资料。地膜污染防治工作受到了中央及地方政府的重视和社会的广泛关注，国家先后出台了多个治理防控相关的政策和措施。2012～2015 年，国家发展和改革委员会、财政部、农业部连续 4 年在甘肃、新疆、内蒙古等重点区域累计投资 9 亿多元，实施农业清洁生产示范项目；2014 年，中央一号文件《关于全面深化农村改革加快推进农业现代化的若干意见》提出要支持推广高标准农膜和残膜回收试点，同期中央农村工作会议首次明确提出了农业面源污染治理目标，要求 2020 年农膜回收率基本达到 80% 以上；2015 年发布的《全国农业可持续发展规划（2015—2030 年）》提出，要综合治理地膜污染，推广加厚地膜，开展废旧地膜机械化捡拾示范推广和回收利用，加快可降解地膜研发，到 2030 年农业主产区农膜和农药包装废弃物实现基本回收利用；2017 年国家颁布《聚乙烯吹塑农用地面覆盖薄膜》（GB 13735—2017）新国标；2017 年农业部印发《农膜回收行动方案》，并在甘肃、新疆、内蒙古等地区建设 100 个治理示范县；2019 年农业农村部、国家发展和改革委员会等 6 部门联合印发《关于加快推进农用地膜污染防治的意见》，进一步明确了地膜污染防治的总体要求、制度措施、重点任务和政策保障。基于本书成果，在地膜残留污染治理方面提出以下建议。

一、加强市场监管，推广新国标地膜

一是完善地膜国家标准。在我国使用的地膜中超薄地膜的占比较高，超过地膜总量的一半，加剧了农田地膜污染治理和残膜回收再利用的难度。相比发达国家，我国地膜标准技术参数要求较低。日本、欧盟等发达国家和地区的地膜厚度远高于我国地膜国标的要求，其中，日本地膜厚度的最小要求为 0.020mm，欧盟地膜厚度的最小要求为 0.010mm。2008 年全国第一次污染源普查以后，国家启动《聚乙烯吹塑农用地面覆盖薄膜》（GB 13735—1992）标准修订工作，并于 2017 年正式发布《聚乙烯吹塑农用地面覆盖薄膜》（GB 13735—2017）。地膜新国标对地膜的适用范围、分类、产品等级、厚度和偏差、拉伸性能、耐候性能等多项指标进行了修订，该标准规定地膜最小标称厚度不得小于 0.010mm，偏差范围 –0.002～0.003mm，同时力学性能、耐候性能等也均有提高。

二是提高地膜生产企业准入门槛，严格执行新国标。地膜生产企业存在小、散、乱、多现象，年产量 3000t 以下的企业占 85%，生产准入门槛低，导致无序竞争，大量生产超薄地膜；对此，应围绕地膜生产企业的生产工艺和生产能力，提高地膜生产企业的生产准入门槛，逐步实现地膜的规模化生产。鼓励地膜规模化、标准化生产，逐步取消小规模地膜生产企业，取缔小作坊生产企业，强化地膜产品的合标性监测和监管，严格执行按新国标生产地膜产品。

三是强化市场监督管理。各级农业农村部门认真落实废旧地膜回收利用指导和监管责任，协同市场监督管理部门按照相关法律法规定期或不定期加强对经营主体、种植大户及农场使用不达标地膜的查处力度，确实从源头上保证地膜的可回收性。例如，甘肃省印发了《关于禁产禁销禁用超薄地膜的通知》，并建立了农牧、工商、质监合力推进地膜污染防治的工作新机制（魏胜文等，2018）。市场监管部门负责地膜流通环节的质量监管，适时开展地膜市场执法专项检查及巡查，严厉打击生产、销售、使用不符合国家和地方标准的地膜的违法行为；对政府招标采购的普通地膜取样送检，确保产品质量合规达标。

二、推进地膜减量

一是加强地膜适宜性评价。由于我国地膜覆盖区域广，气候条件多样，作物种类多，地膜使用出现滥用和泛用。为此，基于经济、生态和社会效益等方面开展地膜覆盖技术的适宜性评价，根据作物种植区春季积温、降水、土壤温度、水分等条件，评价采取地膜覆盖后增温、保墒、抑草和增产效果与作物生长需求的匹配性（高海河等，2021；严昌荣等，2014），判断区域、作物的地膜覆盖依赖程度，把地膜覆盖区域划分为必须覆盖区、选择性覆盖区及非必要覆盖区，在保障农产品有效供给的基础上，科学调减非必要覆盖区的作物覆膜面积，遏制地膜用量持续增加的势头。

二是推广减量覆膜技术。在地膜适宜性评价的基础上，根据气候特点、覆膜作物及地膜覆盖方式，采取因地制宜优化轮作模式、间套作及秸秆覆盖等措施，选育优质新品种，示范推广一膜多年用、行间覆盖、适时揭膜等地膜高效利用技术，实现减少地膜用量的目的。例如，对于在新疆选育的棉花短生育期优质新品种中棉 619，通过配套无膜播种机械，合理改进播种深度及滴灌带浅埋，优化播种密度和田间管理措施等，实现"无膜棉"栽培技术。甘肃省景泰县通过筛选适宜品种、调整灌溉制度，将玉米、马铃薯等作物的全膜覆盖改为半膜覆盖种植技术，地膜用量降低 40%，残膜回收率提高 15%。

三是加强全生物降解地膜研发推广。全生物降解地膜与传统聚乙烯地膜一样具有增温保墒、抑制杂草等作用，尤其适用于仅需生育前期覆膜的作物如马铃薯、花生、烤烟等。近年来，我国已先后在新疆、甘肃、云南、山东等省份的 10 余种农作物上对该种地膜进行了试验示范，并取得了良好效果。但全生物降解地膜的应用推广尚处于起步阶段，仍需要加强全生物降解地膜的原材料、配方和生产工艺的研究，进一步提高全生物降解地膜的机械强度以满足机械化生产要求，延长降解时间、提高增温保墒性能以满足作物安全覆盖需要，降低全生物降解地膜应用的综合成本（严昌荣和刘勤，2017）。

三、加强地膜回收

自然条件、作物需求及作业方式差异大，种植模式多种多样，而现有的以平作地膜回收为主的机具难以满足多样化的覆膜手段和种植模式。

一是丰富回收方式，分类施策。面向山区土地分散种植地块，地膜覆盖功能完成后，膜面未发生明显破损之前，可采取人工适期捡拾回收。在作物收获后或播种前，可沿膜侧人工开沟，从田头沿覆膜方向进行人工扯膜；面向土地平整和覆膜集中连片地区，采用适合幅宽的残膜回收单式作业机或者秸秆粉碎还田与残膜回收联合作业机回收；面向覆膜不集中且田块分散地区，采用小型单式残膜回收作业机或复式联合作业机回收。

二是优选机具，适时回收。播种前回收，结合春耕犁地进行残膜回收作业，采用搂或扎的方式回收，可选用密排弹齿式搂膜机、平地搂膜联合作业机和加装搂膜耙、扎膜辊的整地机回收；生长期回收，此时地膜使用时间短、未老化，仍有一定强度，易起膜，可选用卷膜式回收机械回收；收获期回收，此时地膜在农田经过了一个作物生长季，存在不同程度的破损，以及地膜与土壤紧密粘连等，农作物秸秆尚存于农田中，可选用伸缩杆齿式、链耙式、链齿式等机械回收（薛颖昊等，2017）。

四、健全地膜残留污染治理保障机制

治理地膜残留污染不仅仅是技术问题，更是社会问题，涉及众多利益相关方。因此应建立健全政策保障机制，充分调动地膜生产企业、销售企业、农业生产者、回收利用企业、社会化服务组织等多方的积极性，共同推进地膜污染防治工作。

一是明确各方职责，坚持多方参与，合作共赢。各级政府是本行政区域内地膜污染防控的第一责任主体，组织农业、发改、工信、财政、环境、质监等部门联合建立协同推进机制,明确目标任务、职责分工和具体要求,避免部门职责交叉与重叠,把废旧地膜回收利用作为打好农业面源污染防治攻坚战、推进农业绿色发展的主要任务,确保各项政策措施落到实处。坚持政府引导、部门联动、公众参与、多方回收,因地制宜建立政府扶持、市场主导的地膜回收利用体系,明确种植大户、农民合作社、龙头企业等相关主体在地膜回收方面的约束性责任,引导相关主体开展废弃地膜回收。坚持多部门协同联动,农业农村部门负责指导、推进地膜回收利用工作,生态环境部门负责地膜回收利用过程的环境污染防治监督管理。

二是建立以绿色生态为导向的补偿制度。扶持从事地膜回收加工的企业和社会化服务组织,制定地膜回收加工相关用电、用地和税收等方面的优惠支持政策。建立高标准地膜使用的补贴政策,引导农民合理、科学使用合规地膜。引导种植大户、农民合作社、龙头企业等新型经营主体开展地膜回收,推动地膜回收与地膜使用、耕地地力提升等补贴项目挂钩,调动农民回收地膜的积极性。扶持从事地膜回收加工的社会化服务组织和企业,推动形成回收加工体系。

三是实施生产者责任延伸制度。生产者责任延伸制度是指生产者对其产品承担的资源环境责任从生产环节延伸到产品设计、流通消费、回收利用、废物处置等全生命周期的制度设计。我国甘肃、新疆在地膜生产者责任延伸制度方面进行了试点,取得了一定成效,通过"谁生产、谁回收"的生产者责任延伸制度,压实了生产者的环境责任,调动了地膜生产企业参与废旧地膜回收利用的积极性,也探索出自行回收、委托第三方回收等多种形式的生产者责任延伸制度。甘肃省在招标采购地膜时,对开展废旧地膜回收加工利用的地膜生产企业的地膜实行优先采购,并对纳入招标采购范围的地膜生产企业,要求严格执行供膜区废旧地膜回收协定,调动地膜生产企业参与废旧地膜回收利用的积极性;同时,要求享受财政资金扶持的地膜回收加工企业,实行包片回收责任制,并督促其落实回收责任(魏胜文等,2018)。

四是建立地膜回收体系和回收受益机制。建立完善的回收网点是农用地膜回收的前提条件,回收点应距离适中、便于使用,其选址、布局、规模应与辖区内经济发展状况、交通便利度、地膜使用量等相协调,便于交收、运输,符合高效环保的原则。捡拾后的废旧地膜,需清杂处理,交送回收站点并进行分类捆扎、打包,统一交送就近的回收加工企业处理。制定合理的回收价格,让回收者受益是农用地膜回收工作顺利推进的基本保障,按照新地膜市场价格折旧来计算废旧地膜的回收价格,鼓励地膜回收体系与供销合作体系、垃圾处理体系、可再生资源体系等相结合,盘活已有地膜加工再利用能力(魏胜文等,2018)。地膜回收体系的建立,需要政府、企业、农户多方合力,使地膜使用、捡拾回收、资源化利用有效衔接。

参 考 文 献

高海河, 刘宏金, 高维常, 等. 2021. 作物地膜覆盖技术适宜性及其在东北春玉米上的应用[J]. 农业工程学报, 37(22): 95-107.

国家技术监督局. 1992. 聚乙烯吹塑农用地面覆盖薄膜: GB 13735—1992[S]. 北京: 中国标准出版社.

魏胜文, 乔德华, 张东伟. 2018. 甘肃农业绿色发展研究报告[M]. 北京: 社会科学文献出版社: 173-186.

薛颖昊, 曹肆林, 徐志宇, 等. 2017. 地膜残留污染防控技术现状及发展趋势[J]. 农业环境科学学报, 36(8): 1595-1600.

严昌荣, 刘恩科, 舒帆, 等. 2014. 我国地膜覆盖和残留污染特点与防控技术[J]. 农业资源与环境学报, 31(2): 95-102.

严昌荣, 刘勤. 2017. 生物降解地膜在我国农业应用中的机遇和挑战[J]. 中国农业信息, (1): 57-59.

中华人民共和国国家质量监督检验检疫总局, 中国国家标准化管理委员会. 2017. 聚乙烯吹塑农用地面覆盖薄膜: GB 13735—2017[S]. 北京: 中国标准出版社.

中华人民共和国农业农村部. 2017. 农业部关于印发《农膜回收行动方案》的通知[EB/OL]. http://www.moa.gov.cn/nybgb/2017/dlq/201712/t20171231_6133712.htm[2017-6-20].

致　　谢

在本书撰写过程中，以下人员为本书第二章地膜覆盖模式提供了大量优秀的照片，在此表示诚挚的感谢（按照片在书稿中出现的顺序排序）。

姓　名	图片编号	单位
彭　畅	图2-1	吉林省农业科学院
刘万国	图2-2	辽宁省农业科学院植物营养与环境资源研究所
王　爽	图2-3	黑龙江省农业科学院土壤肥料与环境资源研究所
张泽源	图2-4	内蒙古乌兰察布市凉城县农业技术推广站
郭战玲	图2-5	河南省农业科学院植物营养与资源环境研究所
王　燕	图2-6	河北省农林科学院棉花研究所
王仲敏	图2-7	山东棉花研究中心试验站
左　强	图2-8	北京市农林科学院植物营养与资源环境研究所
李　艳	图2-9	浙江省农业科学院环境资源与土壤肥料研究所
周自默	图2-10，图2-15	安徽省宿松县农业环保站
俞巧钢	图2-11	浙江省农业科学院环境资源与土壤肥料研究所
谢　杰	图2-12，图2-13	江西省农业科学院土壤肥料与资源环境研究所
李　博	图2-14	江苏省邳州市耕地质量保护站
杨虎德	图2-16，图2-17，图2-23	甘肃省农业科学院
周明冬	图2-18，图2-19，图2-20，图2-21	新疆维吾尔自治区农业资源与环境保护站
靳存旺	图2-22	内蒙古巴彦淖尔市五原县农业技术推广中心
康平德	图2-24	云南省农业科学院高山经济植物研究所
王　炽	图2-25左	云南省农业科学院农业环境资源研究所
鲁　耀	图2-25右	云南省农业科学院农业环境资源研究所
杨友仁	图2-26	大理白族自治州农业科学推广研究院
曾招兵	图2-27	广东省农业科学院农业资源与环境研究所
周柳强	图2-28，图2-29	广西农业科学院农业资源与环境研究所
高　立	图2-30	湖北省黄冈市浠水县农业环保站
朱　坚	图2-31，图2-32	湖南省土壤肥料研究所
高　亮	图2-33	湖北省咸宁市嘉鱼县渡普镇农业技术服务中心